人生十年，
不可辜负的
20岁到30岁

[美] 梅格·杰伊（Meg Jay）/ 著

陈能顺 / 译

机械工业出版社
China Machine Press

图书在版编目（CIP）数据

人生十年，不可辜负的20岁到30岁 /（美）梅格·杰伊（Meg Jay）著；陈能顺译 . —
北京：机械工业出版社，2022.8（2024.11 重印）
书名原文：The Defining Decade: Why Your Twenties Matter and How to Make the Most
　　　　　of Them Now
ISBN 978-7-111-71717-1

I. ① 人… 　II. ① 梅… ② 陈… 　III. ① 心理学 - 青少年读物 　IV. ① B84-49

中国版本图书馆 CIP 数据核字（2022）第 180202 号

北京市版权局著作权合同登记 　图字：01-2022-0828 号。

Meg Jay. The Defining Decade: Why Your Twenties Matter and How to Make the Most of
Them Now.

Copyright © 2021, 2012 by Meg Jay, Ph.D.

Simplified Chinese Translation Copyright © 2022 by China Machine Press.

Simplified Chinese translation rights arranged with Hachette Book Group through Bardon-
Chinese Media Agency. This edition is authorized for sale in the Chinese mainland (excluding
Hong Kong SAR, Macao SAR and Taiwan).

No part of this book may be reproduced or transmitted in any form or by any means,
electronic or mechanical, including photocopying, recording or any information storage and
retrieval system, without permission, in writing, from the publisher.

All rights reserved.

本书中文简体字版由 Hachette Book Group 通过 Bardon-Chinese Media Agency 授权机械工业出
版社在中国大陆地区（不包括香港、澳门特别行政区及台湾地区）独家出版发行。未经出版者书面许可，不得
以任何方式抄袭、复制或节录本书中的任何部分。

人生十年，不可辜负的 20 岁到 30 岁

出版发行：机械工业出版社（北京市西城区百万庄大街 22 号　邮政编码：100037）
责任编辑：邹慧颖　　坚喜斌
责任校对：潘　蕊　　王明欣
印　　刷：三河市宏达印刷有限公司
版　　次：2024 年 11 月第 1 版第 2 次印刷
开　　本：147mm×210mm　1/32
印　　张：10.5
书　　号：ISBN 978-7-111-71717-1
定　　价：69.00 元

客服电话：（010）88361066　68326294

献给永远的杰伊和黑兹尔

读者反馈

我本来对人生略感焦虑，但在读完你的书后，我不仅感觉更加心安，而且更有方向感了。这本书我以非常慢的速度读了三天。我把我所有需要做的事情，以及我之前从未想到过的事情，全都记了下来。结果，2019年后半年是我一生中最高效、最有动力且最开心的一段时间。

——布哈维希雅·G.，印度海得拉巴

这本书生动地描绘出了我们20多岁时的迷茫、恐惧和绝望，并鞭挞了各种来自新闻、电影、朋友甚至父母的陈词滥调。

——迈克尔·S.，加拿大卡尔加里

读你的书，就像是有人在读我脑子里的所有想法。

——劳拉·S.，美国洛杉矶

我相信你一定听到过很多次这样的说法：我感觉这本书里写的就是我。

——奥德·W.，以色列特拉维夫

我今年 31 岁，我的人生正慢慢步入正轨。之前有段时间，我一直在无意识地寻找这本书。

——莫亚·R.，美国奥克兰

我原以为这本书讲的是"劝君惜取少年时"之类的老生常谈，但我错了。说它足以改变人的一生也不为过。现在书上全是我做的各种记号，以及我写的各种笔记。每一章都是干货。从来没有哪本书或哪个人，曾和我说过这些话。虽然我一直都在努力追寻自己想要的人生，但我决定更加努力。我对未来有了更多的思考和规划，还画了一条时间线。我向自己所有 20 多岁的朋友都推荐了你的书。我甚至还把自己写满笔记的那本也借了出去。读完这本书之后，我感觉如释重负。我很想和你道一声感谢：谢谢你以一种平等而尊重的方式和我们年轻一代对话。

——特莎·V.，土耳其伊斯坦布尔

你的书具有改变人生的力量，我感觉自己如获新生。我和所有人都说，我找到了属于自己的方向和使命。

——伊娃·G.，美国芝加哥

我写过好几个版本的读者反馈，试图让别人知道这本书此刻对我来说有多重要。若有人能懂，我会非常欣慰。我今年 24 岁。我总感觉自己当下在浪费生命，但大家都告诉我："不用担心，一切会好的，你才 24 岁。"谢谢你给我浇了一盆冷水。每一页都直击人心。我想给我所有 20 多岁的朋友都买一本。我感觉书里写的就是我自己的经历，读起来很有共鸣。

——瑞恩·L-K.，美国萨克拉门托

谢谢你的书。这些话题，我和我 20 多岁的朋友都聊过，但都不及书里写得这么一针见血。

——阿曼达·S.，美国长岛

我必须承认我现在比别人落后一大截。我真希望自己 20 多岁时就读过这本书。

——雷·T.，美国圣莱安德罗

在这本书里，我找到了许多问题的答案。真的很感谢你。

——瓦莱里娅·Z.，乌克兰基辅

我现在 30 岁出头。在我的朋友中，那些 20 多岁时吃过苦并熬过来的人，大多比我混得好。我只希望更多年轻人能够听到你的教诲，趁一切还来得及。不要像我一样，到现在还在弥补自己已经失去的时间。即使我付出双倍的努力，可能也得不到一半的结果。

——彼得·W.，美国洛杉矶

谢谢你写的这本书。我现在 25 岁，是一名教师。下班之后，我真的会站在卧室中央，然后问自己：我应该做什么？大人们会做什么？我要怎样做才能像大人一样？谢谢你的书为我指明了方向，而且用文字帮我说出了自己现在对于很多事情的感受。我不仅更加清楚未来的规划，而且还知道如何让自己成为一个大人。我读过很多书，但你的书对我的影响真的难以言说。谢谢，谢谢，谢谢。我给我的朋友们买了好多本。他们在读完之后，也有相同的感受。

——斯科特·T.，美国米德兰

以前从来没有一本书，对我影响这么大。我在刚开始读这本书的时候并不知道内容是什么，但随着我一点点深入，我发现书里的思想、想法，正慢慢把我从抑郁的泥潭中拉出来。若不是这本书，天知道还会发生什么。它对我人生的影响远超我的预料。

——罗伯特·M.，加拿大多伦多

谢谢你的这本书。五年前，我就读过这本书。那年，我 26 岁，困在英国官僚主义的政府机关里，没有爱情，也没有未来；看着自己的社交圈越来越小，而心中的迷茫和焦虑却越来越多。阅读这本书对我来说是一个转折点。我开始积累自己的"身份资本"。我辞掉了工作，开始了 MBA 的学习。后来，我得以在新加坡和中国工作。我曾独自背包旅行，走过好几个大洲。29 岁时，我遇到了我的第一任女朋友。我还在好几个公益组织里做过志愿者。虽然我起步晚，但快30 岁时，我非常高兴地看到自己在许多方面都有所成长。

——安德鲁·T.，英国

我是在无意间遇到这本书的，但它已成为我 20 多岁时买过的最好的一本书。我现在 28 岁。我能从你在书中分享的每一个故事中看到自己的影子。我非常喜欢你的书。你写的每一章对我来说都如此宝贵，所以我放慢了速度，想好好品味它，让它真正沉入心中。我还想着如何把别人的经验应用到自己身上。昨晚，读到最后一页时，我发现自己在哭。

——卡桑德拉·D.，美国圣迭戈

读你的书，就像是在和你聊天一样，而且句句戳心。我现在正需要这样一本书。

——克里希纳·D.，澳大利亚悉尼及

印度尼西亚雅加达

作者手记

这些年来，无论是作为心理咨询师先后在加利福尼亚州伯克利和弗吉尼亚州夏洛茨维尔执业，还是作为临床心理学家及成人发展副教授在弗吉尼亚大学任教，我一直在和 20 多岁的年轻人打交道。其间，他们和我分享了许多私密的经历和故事，有些令人欣慰，有些则令人扼腕。在接下来的章节里，我会尽我所能地将他们分享的故事、他们教会我的一切，一五一十地呈现给你。不过，为了保护他们的隐私，我隐去了他们的真实姓名，并对生活上的细节做出了改动。在某些情况下，我还会将相似的经历和对话，合并为一个故事。我希望每一位年轻人都能在这些故事里，找到属于自己的影子。不过，若有雷同，纯属巧合。

献给 21 世纪的所有年轻人

本书是为 20 多岁的年轻人而写的。即使我已在本书英文版副书名中写下"你的 20 多岁为何很重要",在此也值得再次声明。这是因为家长们往往会认为这本书是写给他们自己看的,我的同事们会认为这本书是写给其他心理咨询师和学术专家看的,而当 20 多岁的年轻人跑过来问我"你这本书的受众是谁",我回答"是你"时,他们似乎既惊讶,又喜悦。

我喜欢和 20 多岁的年轻人平等而直接地对话。相较于许多人在背后议论 20 多岁的年轻人,我这样的方式倒显得奇怪。但在我看来,20 多岁的年轻人也是成年人,他们有权参与到关于自己的对话中,而不是被撂在一旁不予理会。流行文化或许让我们认为,20 多岁的年轻人太过懒散、叛逆而不会参与到这样的对话中,但事实并非如此。我几十年的心理咨询经历和教学经历告诉我,20 多岁的年轻人渴望有人以真诚和信任的方式与他们谈论自己的生活。

在本书中，我将借由实证研究和临床经验来打破各种有关 20 多岁年轻人的迷思。譬如：30 岁是新的 20 岁；我们无法选择自己的家庭；推迟做一件事，等于更好地做这件事。我想，认为 20 多岁的年轻人不会对这些内容以及改变自己人生的机会感兴趣，这个想法本身或许就是最大的迷思。

本书英文版自 2012 年首次出版以来，已成为全球最受欢迎的有关 20 多岁年轻人的读物之一，而它最多的（同时也是最好的）受众便是 20 多岁的年轻人自己。没错，自出版之后，读者纷纷来信和我分享他们的收获与感动。有家长说："我对今年母亲节的唯一期望就是，我 20 多岁的孩子能读一读你的这本书。"还有 30 多岁的读者向我诉苦："我真希望自己 20 多岁时就读过你的书。"（不过，追求自己想要的人生这件事，无论何时都不晚。）最打动我的莫过于无数 20 多岁年轻人的反馈和分享，他们通过电子邮件和社交媒体告诉我，这样平等而直接的对话对他们来说意味着什么。

可问题是：为什么他们在此之前没有过这样的感受？

或许，这与我们的文化环境有关。在大家眼中，20 多岁的年轻人还不够成熟。似乎他们在社交媒体上分享的内容或婴儿潮世代和 X 世代记者对他们的新闻报道，就代表了他们的一切。不过，这很可能还和我的工作内容有关。因为心理咨询，我得以窥见他们不为人知的一面。自 1999 年起，我便已经开始和 20 多岁的年轻人共事。如今的年轻人或许会被贴上"社交媒体重度使用者"的标签，但如果你听过他们在心理咨询室里倾诉的内容，你就会知道，他们在社交媒体上分享的内容，其实远非他们的真实生活。因为工作的缘故，我知道一些大家不知道的信息；有些信息和事情，甚至连 20 多岁的年轻人自己也不知道。

当有人敢于和他们谈论那些他们不敢谈论的事情，或敢于帮他们直面那些他们不敢直面的现实时，20 多岁的年轻人往往会感觉如释重负，甚至更有能量。虽然这样说似乎有违直觉，但我的经验告诉我，来访者及读者都不怕被问到尖锐的问题；他们只怕没人问这些尖锐的问题。当他们听完我要说的话之后，他们最常见的反应不是"不敢相信，你居然告诉我这些"，而是"为什么没有人早点告诉我这些"。

所以，我就直说了。

20 多岁，不可辜负。你人生中 80% 的最具决定性的时刻，都发生在 35 岁之前。你工作的第一个十年，将会决定你未来的赚钱能力。20 多岁时你的社交圈将扩至最大。20 多岁时你的生育能力将达到顶峰。超过一半的人到了 30 岁会有自己的伴侣，无论是正在约会、同居，还是已经结婚。你的大脑和性格改变最多的时候，是在 20 多岁。而且，你人生中最不确定的时候，也是在 20 多岁。

本书英文版第 1 版写于 2008 年金融危机之后，这一版写于新冠肺炎疫情期间。作为 20 多岁的年轻人，你要知道，未来不总是一帆风顺。不过，即使遇到逆风，我们也有办法逆风前行，而这正是我写本书的初衷。我希望这些办法，不只是那些上过大学或请得起心理咨询师的人才知道，而是任何能买得起这本书或有图书馆借阅证的年轻人都可以知道。而且，随着研究和对话的不断深入，这本书也会不断前进，不断更新。

失败并非成功之母，对失败的反思才是。

——约翰·杜威（John Dewey），哲学家、

心理学家和教育改革家

撰写这本书时，我希望它能引发更多的思考和疑问，而非提供更多答案和结论。人们当然会更喜欢现成的答案和结论，现在越来越多的书或网文会以"轻松三步帮你搞定×××"或"成功获得×××的秘诀"为标题。但多年的心理咨询和教学工作告诉我，所谓"放之四海而皆准"的答案并不存在。那些真正重要的事情几乎都不是轻松三步就可以搞定的。然而，因为我是这本书的作者，所以大家有时会认为我有所有的答案。"你怎么知道要对你的来访者说那些话？"他们好奇地问。

大多数时候，我知道要对他们说什么，是因为我会倾听他们说了什么。我会问他们各种问题，然后仔细倾听他们的回答。在很多情况下，连他们自己都未曾仔细倾听过自己的回答。他们其实比自己以为的知道得更多。我所知道的关于 20 多岁年轻人的一切几乎全都是

从他们身上学到的。另外，我从我的读者身上也学到了不少。至今，已经有好些读者写信告诉我，他们希望这本书能有相配套的应用手册或阅读指南，供他们的读书俱乐部使用。他们希望不只是读这本书，而是把这本书用起来。

因此，作为响应，我将本书出版以来所收集到的问题结集成下面的阅读指南，供大家进一步思考。它们有的来自我在教这门课时在考试中考学生的问题，有的来自读者在读书俱乐部中问的问题，有的则来自我的来访者在读完这本书后询问的问题。我给每一章都精选了两个我最喜欢的问题，不过你可以根据你的需求或你的学生、俱乐部、群组的需求灵活处理。

答案不分对错。重要的是，诚实面对自己并仔细倾听自己。

前言　什么是不可辜负的十年

▶ 研究表明，我们一生中 80% 的最具决定性的时刻，都发生在 35 岁之前。你希望自己在那之前经历哪些决定性的时刻？

▶ 有一些 29 岁或 32 岁的读者担心这本书不适合他们。现在才开始认真对待自己的人生，会不会太晚？对此，你怎么看？这是一个借口吗？

引言　真正的人生

▶ 平均而言，现在的年轻人比以前要更晚“安定下来”。这样的变化将带来什么样的机会和风险？你可以如何利用这样的变化——多出来的时间，帮助自己收获更好的未来？有哪些

当代正念大师卡巴金作品

乔恩·卡巴金（Jon Kabat-Zinn）

博士，享誉全球的正念大师、"正念减压疗法"创始人、科学家和作家。马萨诸塞大学医学院医学名誉教授，创立了正念减压（Mindfulness-Based Stress Reduction，简称 MBSR）课程、减压门诊以及医学、保健和社会正念中心。

on-Kabat-Zinn©-Jaume-Cosials

21 世纪普遍焦虑不安的生活亟需正念

当代正念大师
"正念减压疗法"创始人卡巴金
带领你入门和练习正念——

安顿焦虑、混沌和不安的内心的解药
更好地了解自己，看清我们如何制造了生活中的痛苦
修身养性并心怀天下

卡巴金老师的来信

Dear Mark:

Thank you for the beautiful notes that you included in the package of books (vol 1 and 4) that you send to me recently. I am very happy to hold them in my hands and enjoy the elegance of the designs of both the book covers and the interiors. They strike me as extremely inviting to the reader. Thank you.

Your notes did not include an email address, but Hui Qi Tong, copied here, kindly gave it to me, as I wanted to thank you personally for your kindness and all the great effort that went into producing them.

Thank you as well for the lovely poem of Hui Tai that you gifted to me. I actually included the last two lines of it in Wherever You Go, There You Are which you also published, of course. I love that poem. It says it all. And I appreciate your translation every bit as much as the one I used.

Hui Qi also gave me a copy of the CMP edition of Everyday Blessings. My wife, Myla, and I were so happy to see it, and how beautifully designed it is as well. And very happy to see that you kept the dandelion imagery. I hope it proves inviting and helpful for parenting in China.

I am very touched to learn that in the process of editing these books you have taken up your own mindfulness practice in the service of waking up to the actuality of things in the present moment. I am deeply touched to know that, because that is the whole purpose of my writings and my work in the world. As you say, "This moment is already good enough." And I would add, "for now."

With a deep bow and warm best wishes, and much gratitude,

Jon

亲爱的马克：

非常感谢你最近寄给我的中文版"正念四部曲"（《正念地活》《觉醒》《正念疗愈的力量》《正念之道》）以及随件附上的优美留言。手捧着这些书，我深感欣慰，不仅为封面和内页的典雅设计而感叹，更因为它们对读者散发出的极大吸引力而心怀感激。

虽然你的留言中未附电子邮件地址，

且童慧琦细心地向我提供了你的联系方式，使我能亲自向你表达谢意，感谢你和你的团队在这些图书的制作过程中所付出的巨大努力和无私的善意。

感谢你赠予我的无门慧开禅师的诗作。其实，我在《正念：此刻是一枝花》一书中引用了这首诗的最后两句，而这本书也是由贵社出版的。我深爱诗中的意境，它已然道尽一切。我对你的翻译倍感珍惜，丝毫不逊色于我所使用的版本。

慧琦还赠送了一本贵社出版的《正念父母心：养育孩子，养育自己》。我和我的妻子梅拉看到这本书的精美设计时，心中充满了喜悦，更为你保留了蒲公英意象而感动。我希望这本书能在中国的育儿方面发挥鼓舞和帮助的作用。

听闻你在编辑这些图书的过程中，也开始了自己的正念练习，以此唤醒当下真实的存在，我深感触动。因为这正是我在这个世界上写作和工作的全部目的。正如你所说，"此刻，已经足够美好"（this moment is already good enough）。我想我会补充一句，"正是当下的圆满"（for now）。

再次致以深深的敬意、祝福与我的感激。

乔恩·卡巴金

心理创伤疗愈之道
倾听你身体的信号

[美] 彼得·莱文 著

庄晓丹 常邵辰 译

- 有心理创伤的人必须学会觉察自己身体的感觉，才能安全地倾听自己。美国躯体性心理治疗协会终身成就奖得主、体感疗愈创始人集大成之作

创伤与复原

[美] 朱迪思·赫尔曼 著
施宏达 陈文琪 译
[美] 童慧琦 审校

- 美国著名心理创伤专家朱迪思·赫尔曼开创性作品
- 自弗洛伊德的作品以来，又一重要的精神医学著作
- 心理咨询师、创伤治疗师必读书

拥抱悲伤
伴你走过丧亲的艰难时刻

[美] 梅根·迪瓦恩 著

张雯 译

- 悲伤不是需要解决的问题，而是一段经历
- 与悲伤和解，处理好内心的悲伤，开始与悲伤共处的生活

危机和创伤中成长
10位心理专家危机干预之道

方新 主编 高隽 副主编

- 方新、曾奇峰、徐凯文、童俊、樊富珉、马弘、杨凤池、张海音、赵旭东、刘天君10位心理专家亲述危机干预和创伤疗愈的故事

哀伤咨询与哀伤治疗
（原书第5版）

[美] J.威廉·沃登 著

王建平 唐苏勤 等译

- 知名哀伤领域专家威登·沃登力作，哀伤咨询领域的重要参考用书

伴你走过低谷
悲伤疗愈手册

[美] 梅根·迪瓦恩 著

唐晓璐 译

- 本书为你提供一个"悲伤避难所"，以心理学为基础，用书写、涂鸦、情绪地图、健康提示等工具，让你以自己的方式探索悲伤，给内心更多空间去疗愈

为什么我们总是在防御

[美] 约瑟夫·布尔戈 著
姜帆 译

- 真正的勇士敢于卸下盔甲，直视内心
- 10 种心理防御的知识带你深入潜意识，成就更强大的自己
- 曾奇峰、樊登联袂推荐

你的感觉我能懂
用共情的力量理解他人，疗愈自己

[美] 海伦·里斯
莉斯·内伯伦特 著
何伟 译

- 一本运用共情改变关系的革命性指南，共情是每个人都需要培养的高级人际关系技能
- 开创性的 E.M.P.A.T.H.Y. 七要素共情法，助你获得平和与爱的力量，理解他人，疗愈自己
- 浙江大学营销学系主任周欣悦、北师大心理学教授韩卓、管理心理学教授钱婧、心理咨询师史秀雄倾情推荐

焦虑是因为我想太多吗
元认知疗法自助手册

[丹] 皮亚·卡列森 著
王倩倩 译

- 英国国民健康服务体系推荐的治疗方法
  高达 90% 的焦虑症治愈率

为什么家庭会生病

陈发展 著

- 知名家庭治疗师陈发展博士作品
- 厘清家庭成员间的关系，让家成为温暖的港湾，成为每个人的能量补充站

延伸阅读

完整人格的塑造
心理治疗师谈自我实现

丘吉尔的黑狗
抑郁症以及人类深层心理现象的分析

拥抱你的焦虑情绪
放下与焦虑和恐惧的斗争，重获生活的自由（原书第 2 版）

情绪药箱
应对 12 种普遍心理问题的自我疗愈方案（原书第 5 版）

空洞的心
成瘾的真相与疗愈

身体会替你说不
内心隐藏的压力如何损害健康

当代正念大师卡巴金正念书系
童慧琦博士领衔翻译

卡巴金正念四部曲

正念地活
拥抱当下的力量

[美] 童慧琦
顾洁 译

正念是什么？我们为什么
需要正念？

觉醒
在日常生活中练习正念

孙舒放 李瑞鹏 译

细致探索如何在生活中系
统地培育正念

正念疗愈的力量
一种新的生活方式

朱科铭 王佳 译

正念本身具有的疗愈、启
发和转化的力量

正念之道
疗愈受苦的心

张戈卉 汪苏苏 译

如何实现正念、修身养性
并心怀天下

卡巴金其他作品

正念父母心
养育孩子，养育自己

[美] 童慧琦 译

卡巴金夫妇合著，一本真
正同时关照孩子和父母的
成长书

多舛的生命
正念疗愈帮你抚平压力、
疼痛和创伤（原书第2版）

[美] 童慧琦 译
高旭滨

"正念减压疗法"百科全
书和案头工具书

王俊兰老师翻译

穿越抑郁的正念之道

[美] 童慧琦 译
张娜

正念在抑郁等情绪管理、
心理治疗领域的有效应用

正念
此刻是一枝花

王俊兰 译

卡巴金博士给每个人的正
念入门书

硅谷超级家长课
教出硅谷三女杰的 TRICK 教养法

[美] 埃丝特·沃西基 著

姜帆 译

- 教出硅谷三女杰，马斯克母亲、乔布斯妻子都推荐的 TRICK 教养法
- "硅谷教母"沃西基首次写给大众读者的育儿书

儿童心理创伤的预防与疗愈

[美] 彼得·A.莱文 著
玛吉·克莱恩

杨磊 李婧煜 译

- 心理创伤治疗大师、体感疗愈创始人彼得·A.莱文代表作
- 儿童心理创伤疗愈经典，借助案例、诗歌、插图、练习，指导成年人成为高效"创可贴"，尽快处理创伤事件的残余影响

成功养育
为孩子搭建良好的成长生态

和渊 著

- 来自清华博士、人大附中名师的家庭教育指南，带你一次性解决所有的教养问题
- 为你揭秘大人附中优秀学生背后的家长群像，解锁优秀孩子的培养秘诀

正念亲子游戏
让孩子更专注、更聪明更友善的 60 个游戏

[美] 苏珊·凯瑟·葛凌兰 著

周玥 朱莉 译

- 源于美国经典正念教育项目
- 60 个简单、有趣的亲子游戏帮助孩子们提升种核心能力
- 建议书和卡片配套使用

| 延伸阅读 |

儿童发展心理学
费尔德曼带你开启孩子的成长之旅
（原书第 8 版）

正念父母心
养育孩子，养育自己

高质量陪伴
如何培养孩子的安全型依恋

爱的脚手架
培养情绪健康、勇敢独立的孩子

欢迎来到青春期
9~18 岁孩子正向教养指南

聪明却孤单的孩子
利用"执行功能训练"提升孩子的社交能力

情感操纵
摆脱他人的隐性控制，找回自信与边界

[美] 斯蒂芬妮·莫尔顿·萨尔基斯 著
顾艳艳 译

- 情感操纵，又称为煤气灯操纵，也称为 PUA。通常，操纵者会通过撒谎、隐瞒、挑拨、贬低、否认错误、转嫁责任等伎俩来扭曲你对现实的认知，实现情感操纵意图
- 情感操纵领域专家教你识别和应对恋爱、家庭、工作、友谊中令人窒息的情感操纵，找到自我，重拾自信

清醒地活
超越自我的生命之旅

[美] 迈克尔·辛格 著
汪幼枫 陈舒 译

- 樊登推荐！改变全球万千读者的心灵成长经典。冥想大师迈克尔·辛格从崭新的视角带你探索内心，为你正经历的纠结、痛苦找到良药

静观自我关怀
勇敢爱自己的 51 项练习

[美] 克里斯汀·内夫
克里斯托弗·杰默 著
姜帆 译

自我关怀创始人集大成之作，风靡 40 余
国家。爱自己，是终身自由的开始。51 项
简单易用、科学有效，一天一项小练习，
比一天爱自己

不被父母控制的人生
如何建立边界感，重获情感独立

[美] 琳赛·吉布森 著
姜帆 译

- 让你的孩子拥有一个自己说了算的人生，不做不成熟的父母
- 走出父母的情感包围圈，建立边界感，重获情感独立

与孤独共处
喧嚣世界中的内心成长

[英] 安东尼·斯托尔 著
关凤霞 译

英国精神科医生、作家，英国皇家内科医师学院院士、英国皇家精神医学院院士、英国皇家文学学会院士、牛津大学格林学院名誉院士安东尼·斯托尔经典著作
- 周国平、张海音倾情推荐

原来我可以爱自己
童年受伤者的自我关怀指南

[美] 琳赛·吉布森 著
戴思琪 译

- 你要像关心你所爱的人那样，好好关怀自己
- 研究情感不成熟父母的专家陪你走上自我探索之旅，让你学会相信自己，建立更健康的人际关系，从容面对生活中的压力和挑战

生命的礼物
关于爱、死亡及存在的意义

[美] 欧文·D.亚隆 著
玛丽莲·亚隆

[美] 童慧琦 译
丁安睿 秦华

- 生命与生命的相遇是一份礼物。心理学大师欧文·亚隆、女性主义学者玛丽莲·亚隆夫妇在生命终点的心灵对话，揭示生命、死亡、爱与存在的意义
- 一本让我们看见生命与爱、存在与死亡终极意义的人生之书

诊疗椅上的谎言

[美] 欧文·D.亚隆 著
鲁宓 译

- 亚隆流传最广的经典长篇心理小说。人都是天使和魔鬼的结合体，当来访者满怀谎言走向诊疗椅，结局，将大大出乎每个人的意料

部分心理学
（原书第2版）

[美] 理查德·C.施瓦茨 著
玛莎·斯威齐

张梦洁 译

- IFS创始人权威著作
- 《头脑特工队》理论原型
- 揭示人类不可思议的内心世界
- 发掘我们脆弱但惊人的内在力量

这一生为何而来
海灵格自传·访谈录

[德] 伯特·海灵格 著
嘉碧丽·谭·荷佛

黄应东 乐竞文 译
张瑶瑶 审校

- 家庭系统排列治疗大师海灵格生前亲自授权传记，全面了解海灵格本人和其思想的必读著作

人间值得
在苦难中寻找生命的意义

[美] 玛莎·M.莱恩汉 著

邓竹箐 译
[美] 薛燕峰 邹海皓

- 与弗洛伊德齐名的女性心理学家、辩证行为疗法创始人玛莎·M.莱恩汉的自传故事
- 这是一个关于信念、坚持和勇气的故事，是正在经受心理健康挑战的人的希望之书

心理治疗的精进

[美] 詹姆斯·F.T.布根塔尔 著

吴张彰 李昀烨 译
杨立华 审校

- 存在-人本主义心理学大师布根塔尔经典之作
- 近50年心理治疗经验倾囊相授，帮助心理治疗师拓展自己的能力、实现技术上的精进，引领来访者解决生活中的难题

高效学习 & 逻辑思维

达成目标的 16 项刻意练习

[美] 安吉拉·伍德 著

杨宁 译

- 基于动机访谈这种方法,精心设计 16 项实用练习,帮你全面考虑自己的目标,做出坚定的、可持续的改变
- 刻意练习·自我成长书系专属小程序,给你提供打卡记录练习过程和与同伴交流的线上空间

精进之路

从新手到大师的心智升级之旅

[英] 罗杰·尼伯恩 著

姜帆 译

- 你是否渴望在所选领域里成为专家?如何从学徒走向熟手,再成为大师?基于前沿科学研究与个人生活经验,本书为你揭晓了专家的成长之道,众多成为专家的通关窍门,一览无余

如何达成目标

[美] 海蒂·格兰特·霍尔沃森 著

王正林 译

- 社会心理学家海蒂·格兰特·霍尔沃森力作
- 精选数百个国际心理学研究案例,手把手教你克服拖延,提升自制力,高效达成目标

学会据理力争

自信得体地表达主张,为自己争取更多

[英] 乔纳森·赫林 著

戴思琪 译

- 当我们身处充满压力焦虑、委屈自己、紧张的人际关系之中,甚至自己的合法权益受到蔑视和侵犯时,在"战或逃"之间,我们有一种更为积极和明智的选择——据理力争

| 延伸阅读 |

学术写作原来是这样
语言、逻辑和结构的全面提升(珍藏版)

学会如何学习

科学学习
斯坦福黄金学习法则

刻意专注
分心时代如何找回高效的喜悦

直抵人心的写作
精准表达自我,深度影响他人

有毒的逻辑
为何有说服力的话反而不可信

跨越式成长

思维转换重塑你的工作和生活

[美] 芭芭拉·奥克利 著

汪幼枫 译

- 芭芭拉·奥克利博士走遍全球进行跨学科研究，提出了重启人生的关键性工具"思维转换"。面对不确定性，无论你的年龄或背景如何，你都可以通过学习为自己带来变化

大脑幸福密码

脑科学新知带给我们平静、自信、满足

[美] 里克·汉森 著

杨宁 等译

- 里克·汉森博士融合脑神经科学、积极心理学跨界研究表明：你所关注的东西是你大脑的塑造者。你持续让思维驻留于积极的事件和体验，就会塑造积极乐观的大脑

深度关系

从建立信任到彼此成就

[美] 大卫·布拉德福德
卡罗尔·罗宾 著

姜帆 译

- 本书内容源自斯坦福商学院 50 余年超高人气的经典课程"人际互动"，本书由该课程创始人和继任课程负责人精心改编，历时 4 年，首次成书
- 彭凯平、刘东华、瑞·达利欧、海蓝博士、何峰、顾及联袂推荐

成为更好的自己

许燕人格心理学

许燕 著

- 北京师范大学心理学部许燕教授，"格心理学"教学和研究经验的总结解自我，理解他人，塑造健康的人格，展示人格的力量，获得最佳成就，创造美好未来

延伸阅读

自尊的六大支柱

习惯心理学
如何实现持久的积极改变

学会沟通
全面沟通技能手册
（原书第 4 版）

掌控边界
如何真实地表达自己的需求和底线

深度转变
让改变真正发生的 7 种语言

逻辑学的语言
看穿本质、明辨是非的逻辑思维指南

红书

[瑞士] 荣格 原著
[英] 索努·沙姆达萨尼 编译
周党伟 译

* 心理学大师荣格核心之作，国内首次授权

身体从未忘记
心理创伤疗愈中的大脑、心智和身体

[美] 巴塞尔·范德考克 著
李智 译

* 现代心理创伤治疗大师巴塞尔·范德考克"圣经"式著作

打开积极心理学之门

[美] 克里斯托弗·彼得森 著
侯玉波 王非 等译

理学创始人之一克里斯托弗·彼得森

精神分析的技术与实践

[美] 拉尔夫·格林森 著
朱晓刚 李鸣 译

* 精神分析临床治疗大师拉尔夫·格林森代表作，精神分析治疗技术经典

成为我自己
欧文·亚隆回忆录

[美] 欧文·D.亚隆 著
杨立华 郑世彦 译

* 存在主义治疗代表人物欧文·D.亚隆用一生讲述如何成为自己

当尼采哭泣

[美] 欧文·D.亚隆 著
侯维之 译

* 欧文·D.亚隆经典心理小说

何以为父
影响彼此一生的父子关系

[美] 迈克尔·J.戴蒙德 著
孙平 译

* 美国杰出精神分析师迈克尔·J.戴蒙德超30年父子关系研究总结
* 真实而有爱的父子联结赋予彼此超越生命的力量

理性生活指南
（原书第3版）

[美] 阿尔伯特·埃利斯
罗伯特·A.哈珀 著
刘清山 译

* 理性情绪行为疗法之父埃利斯代表作

刻意练习
如何从新手到大师

[美] 安德斯·艾利克森
罗伯特·普尔 著

王正林 译

● 成为任何领域杰出人物的黄金法则

学会提问
（原书第 12 版）

[美] 尼尔·布朗
斯图尔特·基利 著

许蔚翰 吴礼敬 译

● 批判性思维领域"圣经"

内在动机
自主掌控人生的力量

[美] 爱德华·L. 德西
理查德·弗拉斯特 著

王正林 译

● 如何才能永远带着乐趣和好奇心学习、工作和生活？你是否常在父母期望、社会压力和自己真正喜欢的生活之间挣扎？自我决定论创始人德西带你颠覆传统激励方式，活出真正自我

聪明却混乱的孩子
利用"执行技能训练"提升孩子学习力和专注力

[美] 佩格·道森
理查德·奎尔 著

王正林 译

● 为 4～13 岁孩子量身定制的"执行技能训练"计划，全面提升孩子的学习力和专注力

自驱型成长
如何科学有效地培养孩子的自律

[美] 威廉·斯蒂克斯鲁德
奈德·约翰逊 著

叶壮 译

● 当代父母必备的科学教养参考书

父母的语言
3000 万词汇塑造更强大的学习型大脑

[美] 达娜·萨斯金德
贝丝·萨斯金德
莱斯利·勒万特 - 萨斯金德 著

任忆 译

● 父母的语言是最好的教育资源

十分钟冥想

[英] 安迪·普迪科姆 著

王俊兰 王彦又 译

● 比尔·盖茨的冥想入门书

批判性思维
（原书第 12 版）

[美] 布鲁克·诺埃尔·摩尔
理查德·帕克 著

朱素梅 译

● 备受全球大学生欢迎的思维训练教科书，已更新至 12 版，教你如何正确思考与决策，避开"21 种思维谬误"，语言通俗、生动，批判性思维领域经典之作

ACT

拥抱你的抑郁情绪
自我疗愈的九大正念技巧（原书第 2 版）

[美] 柯克·D. 斯特罗萨尔
帕特里夏·J. 罗宾逊 著

徐守森 宗焱 祝卓宏 等译

- 你正与抑郁情绪做斗争吗？本书从接纳承诺疗法（ACT）、正念、自我关怀、积极心理学、神经科学视角重新解读抑郁，帮助你创造积极新生活。美国行为和认知疗法协会推荐图书

自在的心
摆脱精神内耗，专注当下要事

[美] 史蒂文·C. 海斯 著

陈四光 祝卓宏 译

- 20世纪末世界上最有影响力的心理学家之一、接纳承诺疗法（ACT）创始人史蒂文·C. 海斯用 11 年心血铸就的里程碑式著作
- 在这本凝结海斯 40 年研究和临床实践精华的著作中，他展示了如何培养并应用心理灵活性技能

自信的陷阱
如何通过有效行动建立持久自信（双色版）

[澳] 路斯·哈里斯 著

王怡蕊 陆杨 译

- 本书将会彻底改变你对自信的看法，并一步一步指导你通过清晰、简单的 ACT 练习，来管理恐惧、焦虑、自我怀疑等负面情绪，帮助你跳出自信的陷阱，建立真正持久的自信

ACT 就这么简单
接纳承诺疗法简明实操手册（原书第 2 版）

[澳] 路斯·哈里斯 著

王静 曹慧 祝卓宏 译

- 最佳 ACT 入门书
- ACT 创始人史蒂文·C. 海斯推荐
- 国内 ACT 领航人、中国科学院心理研究所祝卓宏教授翻译并推荐

幸福的陷阱
（原书第 2 版）

[澳] 路斯·哈里斯 著

邓竹箐 祝卓宏 译

- 全球销量超过 100 万册的心理自助经典
- 新增内容超过 50%
- 一本思维和行为的改变之书：接纳所有的情绪和身体感受；意识到此时此刻对你来说什么才是最重要的；行动起来，去做对自己真正有用和重要的事情

生活的陷阱
如何应对人生中的至暗时刻

[澳] 路斯·哈里斯 著

邓竹箐 译

- 百万级畅销书《幸福的陷阱》作者哈里斯博士作品
- 我们并不是等风暴平息后才开启生活，而是本就一直生活在风暴中。本书将告诉你如何跳出生活的陷阱，带着生活赐予我们的宝藏勇敢前行

当良知沉睡
辨认身边的反社会人格者

[美] 玛莎·斯托特 著

吴大海 马绍博 译

- 变态心理学经典著作,畅销十年不衰,精确还原反社会人格者的隐藏面目,哈佛医学院精神病专家帮你辨认身边的恶魔,远离背叛与伤害

这世界唯一的你
自闭症人士独特行为背后的真相

[美] 巴瑞·普瑞桑
汤姆·菲尔兹－迈耶 著

陈丹 黄艳 杨广学 译

- 豆瓣读书 9.1 分高分推荐
- 荣获美国自闭症协会颁发的天宝·格兰丁自闭症杰出作品奖
- 世界知名自闭症专家普瑞桑博士具有开创意义的重要著作

友者生存
与人为善的进化力量

[美] 布赖恩·黑尔
瓦妮莎·伍兹 著

喻柏雅 译

- 一个有力的进化新假说,一部鲜为人知的人类简史,重新理解"适者生存",割裂时代中的一剂良药
- 横跨心理学、人类学、生物学等多领域的科普力作

你好,我的白发人生
长寿时代的心理与生活

彭华茂 王大华 编著

- 北京师范大学发展心理研究院出品。幸福地生活,优雅地老去

读者分享

《我好,你好》
◎读者若初

有句话叫"妈妈也是第一次当妈妈",有个词叫"不完美小孩",大家都是第一次做人,第一次当孩子,第一次当父母,经验不足。唯有通过学习,不断调整,互相理解,互相接纳,方可互相成就。

《正念父母心》
◎读者行木

《正念父母心》告诉我们,有偏差很正常,我们要学会如何找到孩子的本真与自主,同时要尊重其他人(包括父母自身)的自主。
自由的前提是不侵犯他人的自由权利。或许这也是"正念"的意义之一:摆正自己的观念。

《为什么我们总是在防御》
◎读者 freya

理解自恋者求关注的内因,有助于我们理解身边人的一些行为的动机,能通过一些外在表现发现本质。尤其像书中的例子,在社交方面无趣的人总是不断地谈论自己而缺乏对他人的兴趣,也是典型的一种自恋者类型。

打开心世界·遇见新自己

华章分社心理学书目

扫我！扫我！扫我！新鲜出炉还冒着热气的书
籍资料、有心理学大咖降临的线下读书会的名
额、不定时的新书大礼包抽奖、与编辑和书友
的贴贴都在等着你！

扫我来关注我的小红书号，
各种书讯都能获得！

机械工业出版社
CHINA MACHINE PRESS

风险是你想避免的?

▶ 思考流行文化对于 20 多岁这一时期的看法和态度是如何塑造你成长的环境的。你的父母以及(或是)你周围的人对于你 20 多岁时的期望是什么? 这些期望与你自己真正想要的是否一致?

工作

身份资本

▶ 请列举 10 项你现有的身份资本。想一想自己有哪些突出的地方,或是请你的朋友帮忙指出。(请记住:身份资本不一定都会写在简历上。那些让你与众不同或吸引人的品质、特点和爱好同样也是你的身份资本。) 你接下来想积累的三项身份资本是什么?

▶ 20 多岁时,你做过的每一份工作都必须帮你积累身份资本吗? 什么时候,类似于"星巴克服务生"的工作是可以接受的? 或者这样的工作本身是可以接受的吗?

弱连接

▶ 请列举人际关系中的 5 个弱连接(那些你几乎不认识的人),并思考他们可以如何帮助你实现目标。当你需要时,你会如何联系他们? 现在有什么正阻碍你去联系他们?

▶ 请举出 3 个弱连接在过去曾帮你获得新信息或重要机会的例

子。你觉得他们当时为什么会帮你？

未知的已知

▶ 许多 20 多岁的年轻人表示，不知道自己要做什么。就像伊恩所说，他们就像在一片大海里，不知道要往哪个方向游。当你有类似的感觉时，你会对自己说些什么或做些什么？如果你的朋友遇到这样的情况，你会对他们说些什么或做些什么？

▶ 你小时候的梦想是什么？你在学校内外都很擅长的事情是什么？你的梦想和你所擅长的事情是否重合？为什么重合？或为什么没有重合？

Instagram 上的完美人生

▶ 没有对比，就没有伤害，人们如此说。在你的日常生活中或在你使用社交媒体时，你在多大程度上是在进行"向上社会比较"？你认为这些比较是否影响了你对于 20 多岁应该如何或你的人生应该如何的想法？你认为它们能否激励你做得更好或追求更多？

▶ 你认为社交媒体对你的情绪、自尊及心理健康带来了怎样的影响？

追求荣耀

▶ 如果你毕业之后的人生（或未来 5 年的人生）就像桌子上的

三种果酱，你觉得会是哪三种？为什么？对比之后，你会先选哪一种？

▶ 作者在书中解释了"目标"和"应该"的区别：目标来源于内在的向往，而"应该"来源于外在的评判。对你而言，这两者的区别你一直都清楚吗？

定制化的人生

▶ 如果你的人生或职业生涯就像一辆定制款自行车，或某个你可以持续组建的东西，你觉得你会从哪些零件开始组装？哪些零件会是你接下来想获得的？

▶ 如果你觉得现在还没有一个你可以在面试中讲述的个人故事，那么你将如何去创造这样一个故事？你可以从下面这些点开始：想一想你现有的身份资本，以及它们之间的关系；或是想一想你成长过程中最独特的地方，以及它如何影响着你现在是谁或未来想成为谁；又或是想一想是什么让你区别于你和你最好的朋友。最后，不妨让你的朋友来分享他们眼中的你，以及他们所知道的关于你的故事。

爱情

台面上的话题

▶ 有人说，和谁结婚会是你最重要的决定。对此你有什么想法？你是否认同？为什么？

▶ 你对待爱情会和对待工作或学习一样认真吗？为什么？关于这点，你是否想做出改变？如果想，如何改变？

选择你的家庭

▶ 你希望自己有一天拥有什么样的家庭？和你的原生家庭类似，还是不同？

▶ "选择你的家庭"这个概念是否会让你对伴侣的家庭以及对方所扮演的角色产生一些不切实际的期待？

为爱失去自尊

▶ 你会有时为爱失去自尊或曾经为爱失去自尊吗？这对你造成了怎样的影响？你认为这为什么会发生？你想如何改变，或做出过怎样的改变？常言道，"熟能生巧"。小心你不断重复的行为模式。

▶ 你的"自感配偶价值"是多少？或者说你认为自己有多受人喜爱或多吸引人？为什么？你认为"自感配偶价值"这个概念合理吗？还是说这个概念源自流行文化的影响，而使得我们将自己与文化中定义的"理想自我"做比较？

同居效应

▶ 谈到同居时，作者在书中提醒到，情侣们要避免进入同居问题研究者斯科特·斯坦利所说的"任其发展，而非共同决定"。

为此，你可以在同居之前以及之后问你的伴侣哪些问题？

▶ 锁定效应既会发生在爱情里，也会发生在工作中。你如何判断自己正在爱情里或在工作中受到锁定效应的影响？你可以如何摆脱它？

彼此合拍

▶ 你是否经历过彼此相爱或心动，但与对方并不合拍的情况？你如何判断自己属于这种情况？最后的结果如何？

▶ 作者在书中提到，旅行可以检验彼此是否真的合拍。请列举除了约会和做爱以外其他 5 种你可以尝试的活动或经历。

二十九问

▶ 作者在书中分享了 29 个不同的话题或问题，并建议读者向他们的伴侣及自己就双方的关系进行提问。其中，你认为你和你的伴侣最多在多少问题上可以存在分歧？

▶ 进行这些对话的"正确时机"是什么时候？是否太早或太晚？如果是你自己思考这些问题，是否会太早？

大脑与身体

为未来着想

▶ 你如何看待"20 多岁时的大脑还在发育"这个事实？你感觉

这更像一种解释还是一个借口，抑或是一次机会？

▶ 现在有什么事情是你未来 5 年不想做的？既然如此，你为什么现在还在做？

一项社会实验

▶ 追踪并记录自己使用电子设备的时间，为期一周。平均而言，你每天会在电子设备上花多少时间？如果不使用电子设备，你还可以做其他什么活动？这些活动相较于使用电子设备，是否会让你更开心或更健康？

▶ 使用电子设备和社交媒体，对你和伴侣、家人及朋友之间的关系造成了怎样的影响？你可以从中学到什么？

冷静下来

▶ 回想过去面临不确定性时的经历，那时你以为会发生什么？最后实际上发生了什么？那时你做了什么？对最后的结果是有益还是无益？这对你 20 多岁的人生有什么启发？

▶ 当你感觉焦虑或沮丧时，你如何让自己冷静下来？你认为自己的处理方式是否恰当？

由外而内

▶ 作者说："无论是工作，还是爱情，若想战胜心中的不安全感，收获真正的自信，唯一的方式就是去经历、去体验。"现在，你在工作或爱情中已经积累了哪些经历或经验，作为自信的来源？

▶ 若想在某个领域做到精通，大约需要 10 000 小时的积累。这意味着在你 30 岁之前及之后，你还有许多东西可以去学习，去积累。如果你现在有 10 000 小时可以发展一项爱好或在某个领域做到精通，你会做什么？

融入社会

▶ 你最想在 30 岁之前改变自己的一点是什么？你打算如何改变？有什么或许会阻碍你？

▶ 根据社会投资理论，我们的成长和成熟源于在社会中的各种经历和人生体验，而非随着年龄增长而自然形成。对此，你怎么看？现在有哪些经历和人生体验（如果有的话）正在帮助你成长？

你的身体

▶ 作者就生育能力这个话题和我们分享了大量的信息和数据，并且还谈到自己也曾感觉谈论生孩子很"过时"，甚至"被冒犯"。你之前对于生孩子的想法是怎样的？在知道这些信息和数据后，你的想法又是怎样的？

▶ 你想生孩子吗？如果想，想多少个？如何实现（自然怀孕或是领养）以及什么时候实现？这些回答对于你 20 多岁时的爱情意味着什么?

以终为始

▶ 伦纳德·伯恩斯坦曾说:"若想实现伟业,你将需要一份计划,以及不那么充裕的时间。"事实上,你在做计划时往往会发现,时间没有自己想象中的那么充裕。现在,请你为自己未来 10 年做一份粗略的计划,格式不限,内容包括你在以下方面想取得的成就:工作、爱情、金钱、旅行、朋友、家人、健康、爱好等,可自行增减。

▶ 现在,反思刚才的过程。你在把自己 10 年后的期望和梦想写下来时,发现了什么?你感觉如何?是害怕、兴奋,还是感觉很有条理,或是都有,或是有其他感觉?这份计划对于你 20 多岁的人生意味着什么?

后记　我的未来会好吗

▶ 请你写一封信给 35 岁的自己。你对那时的自己有着怎样的希冀和梦想?你会对那时的自己说些什么?

▶ 现在,假设你是 35 岁的自己,请你再写一封信送给此刻的自己。你会对此刻的自己说些什么?

目录

工作

爱情

大脑与身体

什么是不可辜负的十年

在一项有关人生的研究中，波士顿大学和密歇根大学的研究人员[1]收集了几十名成功人士的人生故事。研究人员十分好奇，在这些成功人士的一生中，有哪些所谓的"决定性时刻"，即那些对于未来影响最大的经历、选择、变动和际遇。研究发现，虽然重要的人生经历从出生到死亡都存在，但那些真正决定未来的经历，基本上都集中在他们20多岁时：80%最具决定性的时刻，都发生在35岁之前。

这似乎说得过去：当我们离开家或学校而变得更加独立时，我们便开始了自我的创造之旅；而这时，我们所做的事将会决定我们未来成为什么样的人，甚至我们会感觉成年后的生活就像是一系列的"决定性时刻"，而随着年龄的增长，我们将越来越能够主导自己的人生，"决定性时刻"也会越来越多。不过，事实并非如此。

30岁之后，这些"决定性时刻"不会越来越多。那时，学业已经结束，或即将结束。我们已经开始职业生涯，或决定放弃。我们以及我们的朋友，或许已经开始组建家庭。我们或许需要还房贷，或许有其他的责任，这使得我们很难改变自己的人生轨迹。30岁之后，我们通常保持着现有的人生轨迹，或基于现有的人生轨迹稍做变化和调整。

然而，讽刺的是，我们可能感觉20多岁似乎没有那么重要。同一项研究还发现，这些"决定性时刻"——譬如遇到的人、做过的工作、回拨的电话、聊过的天，并非什么大的事件或人生变动。当时，它们似乎显得微不足道，只有在回顾一生时，你才会发现它们影响深远。

当然，这不可辜负的十年，并非对每个人来说都始于20岁，终于30岁。对于有的人来说，他们最具决定性的十年可能出现在22～32岁这个年龄段，也可能出现在25～35岁这个年龄段。无论你现在是21岁、25岁，还是29岁，有一点确定无疑：你正处于自己最重要的十年。这意味着，现在那些看似微不足道的时刻，可能正决定着你的未来。这本书，旨在帮助你意识到这些"决定性时刻"，并让你的20多岁，你人生中最美丽的年华，活得不辜负。

真正的人生

年轻时，时间还很长，日子还很多。一转眼，却惊觉十年已匆匆而过。

——平克·弗洛伊德（Pink Floyd）乐队，歌曲《时间》(*Time*)

成长发育，几乎一直都存在所谓的关键期。这个阶段，只要外界给予适当的刺激，我们就迅速成长和成熟。而在此之前或之后，要么艰难生长，要么不再生长。

——诺姆·乔姆斯基（Noam Chomsky），语言学家

凯特刚开始接受心理咨询时，已经在餐厅里做了一年多服务生。她和父母住在一起，而且时常吵架。她的父亲打电话为她预约了第一次心理咨询。父女二人都一致认为两人的关系将会是心理咨询过程中的重点。但随着咨询的进行，最引起我注意的并非凯特和父亲的关

系，而是她正挥霍着自己 20 多岁的人生。她从小生活在纽约，现居弗吉尼亚州。虽然她已经 26 岁了，但依然没有驾照；且不说这限制了她的就业机会，而且这还限制了她的人生——如果把人生比作一辆车，她感觉自己就像乘客，而非驾驶员。而她经常性的迟到也与此不无关系。

大学毕业之后，凯特便希望自己能好好享受自由自在的 20 多岁，而她的父母也鼓励她如此。她的父母在大学毕业之后就选择了结婚。因为他们想一起去欧洲，但在 20 世纪 70 年代早期，未婚同行并不被双方父母所允许。她的父母在意大利度完蜜月后，她的母亲便有了身孕。她的父亲凭借会计学专业养家糊口，而母亲则忙着养育四个孩子。凯特是最小的那个孩子。凯特一直过着她父母 20 多岁时错过的自由人生。凯特本以为 20 多岁正是她享受人生的时候，但她感受到的却是更多的焦虑和压力。"20 多岁就像一座山，压得我动弹不得，"她说，"没有人告诉过我会这个样子。"

与此同时，凯特还让自己的生活充斥着各种戏剧性的事件，这样她便无暇去面对自己真正的人生。她似乎希望我们周末的心理咨询也会变成这样。刚走进心理咨询室，她便踢掉自己的平底鞋，卷起牛仔裤，然后向我开启抱怨模式。我们的对话也穿插着各种手机媒体信息，当她向我展示着照片和短信时，Twitter 的新闻提示音又响个不停。从这些零碎的信息中，我慢慢拼凑出一些她内心的想法：她或许想为公益组织筹款，而她希望在 30 岁之前能确定自己的职业方向。"30 岁是新的 20 岁。"凯特说。

这句话引起了我的注意。

作为一名专注于成人发展的临床心理学家，我见过太多 20 多岁的年轻人挥霍着自己最重要的十年，而不去为未来着想。更糟糕的是，当他们到了三四十岁时，却发现自己因此付出了惨重的代价——工作、爱情、金钱以及生育能力。我不愿看见凯特或任何一个 20 多岁的年轻人挥霍自己的生命而不自知。而且，我喜欢凯特，想帮助她。所以，我每次都会要求她准时赴约。而在她分享那些周末趣闻时，我会打断她并询问她驾照考了没有，工作的进展如何。或许，最重要的是凯特和我曾经就"心理咨询以及她的 20 多岁应该做什么"展开过一次辩论。

凯特说，她在想自己是应该花几年时间在这里探讨自己的过去和童年，还是应该拿这些费用和时间去欧洲找寻自我。我对这两种想法都不赞同。我告诉凯特，虽然大多数心理咨询师会同意苏格拉底所说的"未经审视的人生是不值得度过的"，但美国心理学家谢尔登·科普一句鲜为人知的名言，在这里更为贴切："未曾活过的人生是不值得审视的。"

我告诉凯特，如果看着她最重要的十年匆匆而过，而我坐视不理，那是我的失职。她的未来正面临危险，我们不能只停留于过去。真正让她不开心的不是周末，而是工作日，如果我们一直谈论周末里的那些趣闻，那将无济于事。而且，我真心认为她需要做出一些改变，这样她和父亲的关系才有可能好转。

一天，凯特走进心理咨询室，一反常态地瘫在了沙发上。她一边望着窗外，一边泪眼婆娑地和我讲起周日上午她和四个大学同学聚餐的经历。这四个大学同学的现状是：两个来这里开会；一个为毕业论文，刚从希腊采录摇篮曲回来；还有一个带着自己的未婚夫。当他们坐在一起时，她突然感觉自己落后了。她朋友所拥有的工作、男朋友或人生使命，她也想要。那天心理咨询结束后，她一整天都在网上寻找工作（以及恋爱）的机会。大部分的工作（以及男人）似乎都没什么意思，而那些感觉有意思的，她又开始担心自己是否配得上。躺在床上，凯特感觉自己仿佛遭到了背叛。

"我的 20 多岁已经过去了一大半，"她说，"那天，我坐在餐厅里发现自己什么都没有，没有工作，没有爱情，我甚至都不知道我在这里干什么。"她一边伸手抽纸巾，一边哭泣，"之前有人说，我不用考虑那么多，未来自然会好的。但现在，这样的鬼话我绝不会相信。我希望我可以……我不知道……活得更有目的性一点。"

对于凯特来说，一切都不算太晚，但她的确需要开始考虑自己的未来，并活得更有目的性一点。当凯特的心理咨询全部结束时，她有了自己的住所和驾照，也有了一个看似很有发展潜力的男朋友，以及一份为公益组织筹款的工作，甚至她和父亲的关系也在好转。最后一次接受心理咨询时，凯特向我表达了感谢，感谢我帮她重新步入正轨。她说，她感觉自己终于有了"真正的人生"。

*　　*　　*

20 多岁，本就是真正的人生。

弗洛伊德曾经说过："工作，爱情；爱情，工作……人生不外如是。"而且现在，工作、爱情这些的确要比以往更晚步入正轨。凯特父母那一代[1]，年轻人平均 21 岁便已结婚生子。他们在上完高中后（有的上完大学后），便开始赚钱养家。一般而言，一份收入便可以养活全家。所以，那时基本上都是男性出门赚钱，而三分之二的女性留在家中。那些出门赚钱的男性及女性，期望一辈子在一个行业里工作。那时，美国平均房价为 20 000 美元[2]；离婚和避孕药才刚刚步入主流。

后来，到了凯特这一代，社会文化出现了巨大变化[3]。各种人性化的计生用品涌入消费市场，而大量职场女性也涌入就业市场。迈入 21 世纪后，只有一半年轻人会在 30 岁之前结婚，而生孩子的比例甚至更低，这使得 20 多岁成了"新大陆"般的自由时期。我们开始听到不同的说法：上大学或许太费钱了，没有必要；或许研究生学位才更为必要。不管怎样，这些都为年轻人提供了更多的"自由时光"。

几百年来，20 多岁的年轻人都是从儿子和女儿直接转变为丈夫和妻子的。但短短几十年内，一个新的时期开始出现。他们不再那么快地步入婚姻。像凯特一样的年轻人要么住在父母家，要么独自贷款买房，面对着"多出来的时间"不知所措。

站在世纪之交，20 多岁几乎也成了夹在"未成年与成年"之间的年龄段。2001 年《经济学人》提出了"单身经济"（Bridget Jones Economy）[4] 的概念，2005 年《时代周刊》在封面头条写道"遇见巨婴"（Meet the Twixters）[5]；20 多岁，似乎成了"有钱有闲"且不用承担责任的代名词。2007 年《纽约时报》将 20 多岁称作"奥德赛时光"（the odyssey years）[6]，意指云游闲逛的时光。许多新闻记者和研究人员，开始给 20 多岁的年轻人取各种绰号，诸如"大小孩""小

XXXII

大人"和"中青年"。有人说，20多岁是青春期的延续；还有人说，20多岁是成年前的演习[7]。这些说法，都让20多岁的年轻人感觉自己似乎"尚未成年"[8]，而不用把自己当作成年人来看。

不过有趣的是，我们一边对20多岁的年轻人表示着轻视和不屑，一边却痴迷和执着于成为20多岁的年轻人。在流行文化里，20多岁似乎是我们唯一崇拜的年龄段。根据2019年的数据统计，Instagram上85%的网红[9]年龄都在18～35岁。这意味着，大多数20多岁的年轻人整天在手机上看到的是其他20多岁的年轻人过着最完美的生活：穿着泳衣，一路赚得盆满钵满。那些童星和普通孩子想打扮成20岁的模样，而与此同时，那些真正的成年人和家庭主妇想看上去像29岁的年轻人一样。年轻的，想看起来老成一点；年老的，想看起来年轻一点。这让20多岁的时间被无限拉长，似乎人生就只剩下漫长的20多岁。有人甚至还发明了一个新的词"不老"（amortality）[10]来描述这样的状态。

倡导"30岁是新的20岁"的文化，一边说20多岁并不重要，一边却异常迷恋和美化20多岁，让人不禁以为20多岁似乎就是一切。这不仅自相矛盾，而且分外危险。在这些流行文化和矛盾信息的轰炸下，太多20多岁的年轻人挥霍着自己最为珍贵的十年，直到多年以后，才发现代价巨大。太多像凯特一样的年轻人误以为20多岁无关紧要，但事实却与此相反：这不仅是他们最为关键的十年，而且从很多方面来看，这也是他们最为艰难的十年。

*　　*　　*

21 世纪的年轻人，相较于过去，无论是在个体心理层面，还是在社会文化层面，都面临着更多的问题。这确实是一种巨大的变化。大多数年轻人在迈入社会之前，都会在学校里度过自己的青春岁月。这意味着，在他们的印象中，人生是一个又一个日期分明的学期，每天都有相应的学习计划和安排，而他们也知道如何拿 A 或 B。但在离开学校之后，学期不再，课程安排不再，考试也不再。没人告诉你，你每天要做什么；也没人告诉你，你表现如何。

如今的职场也与以往大不相同。现在的年轻人拥有更多的工作机会，而这也意味着更多的迷茫。而且，过去长期的职业生涯，现在已经被短期的工作经历所取代；平均而言，年轻人在 30 岁之前便已经有了好几段不同的工作经历[11]。虽然现在的年轻人拥有更高的学历以及更多的工作经验[12]，但不幸的是，他们在离开学校后的第一份工作，甚至可能都不需要大学学历。随着大量入门级工作外流至美国以外，不少年轻人发现美国国内的就业环境变得愈发严峻[13]。即使成功就业，他们的第一份工作也往往是一份无薪实习[14]。统计数据显示，大约一半的年轻人正处于失业或"就业不足"（指没有足够的工作可做或所做的工作未能充分发挥技能）的状态[15]。

随着工作的不断变换，他们的住所和朋友也在不断变换。三分之一的年轻人将会经历搬家[16]，而使得自己的朋友分散各处。大约 40% 的人会选择回家[17]和父母一起住，部分是因为学生贷款（在美国大学毕业生平均负债约 30 000 美元）[18]。虽然社交媒体让年轻人看上去"朋友多多"，但由于工作不稳定，研究发现，20 多岁会是我们一生中最孤独的时期之一[19]。

年轻人四处漂泊和闯荡，他们感觉世界越来越大，并开始遇到所谓的"生命难题"（large world problems）[20]，或者那些没有正确答案的问题：在哪里定居？以什么为业？是否要与人结为伴侣？如何结为伴侣？什么时候结为伴侣？和谁结为伴侣？这些问题没有正确答案。更糟糕的是这些问题背后更深层的终极问题："我会成功吗？""我会孤独终老吗？""我会被爱吗？""我会幸福吗？""我的人生会有意义吗？""我的未来会好吗？"可能在未来十年或更长的时间里，这些问题都无法得到回答。

20 多岁之所以如此艰难，并不只是因为年轻人所面临的这些"生命难题"，还有来自外在世界的威胁和挑战。大多数人已经想不起来"9·11"事件之前的世界或没有恐怖袭击的世界是什么样的了。他们也想不起来科伦拜校园枪击案[注]发生之前的校园生活或没有枪击演习的校园生活是什么样的了。而他们的电子设备，不仅向他们"轰炸"般推送来自朋友的跳伞自拍照，还有各种有关经济衰退、政治问题、气候危机及全球危机的新闻头条。即使他们感觉需要抓紧时间，活出最好的自己，他们也不禁担心，政府或这个世界是否还会存在。

越来越多的年轻人开始听到朋友自杀或吸毒过量的消息。有些人开始怀疑把孩子带到这个世界是不是正确的选择。他们更多地听到所谓"美国梦"只不过是一个虚无的梦；他们想知道自己的人生是否重要，自己的未来是否还有出路。即使是那些更幸运或家境更优渥的

⊖ 1999 年 4 月 20 日，美国科罗拉多州科伦拜中学发生校园枪击事件。两名青少年配备枪械和爆炸物进入校园，枪杀 15 人，并造成 24 人受伤，两人接着自杀身亡。——译者注

年轻人，也同样担心自己未来的薪水能否和父母的一样多。甚至迈入职场之后，许多年轻人开始担心那些性骚扰或性侵事件是否也会发生在自己身上。

这样活着，实属不易。美国心理学会 2018 年的一项报告 [21] 显示，整体而言，年轻人比年长者活得更不开心、更为焦虑。似乎每过几年，当这样的横断面研究出来之后，马上就出现各种各样的网文甚至图书，开始探讨为什么现在年轻人的生活如此糟糕。但事实上，横断面研究无法证明这一点。（你需要将现在的年轻人与过去的年轻人做对比。）不过，这些研究可以一次又一次地证明：不同于大众的普遍认知，20 多岁并没有我们所以为的那么有趣。

每一天，在我的心理咨询室里，都有 20 多岁的年轻人告诉我，他们感觉自己被欺骗了：有人说，20 多岁会是他们人生中最美好的年华。有人认为给 20 多岁的年轻人做心理咨询，就是听这些无忧无虑的少男少女们谈论他们的心事和冒险，这的确说中了一部分。但在心理咨询室内，他们所袒露的不安不止于下面这些：

- ▶ 我感觉自己就像是在一片汪洋大海里，看不见任何陆地，也不知道该往哪个方向游。
- ▶ 我感觉自己只能不停地和别人约会，然后看看到底和谁的关系能稳定下来。
- ▶ 我都没意识到我每天上班之后都会在洗手间里哭。
- ▶ 我一直在将自己和那些更优秀的人做比较。
- ▶ 20 多岁，就像一场没有答案的考试，也没有考试时间限制，我不知道如何才能交出让人满意的答卷。

- 我感觉自己只有在网上获得别人的注意，才能证明自己有吸引力。
- 我姐姐今年 35 岁了，还是单身。我怕自己将来会和她一样。
- 我迫不及待地想逃离我的 20 多岁。
- 我不希望自己 30 岁之后还在做现在这种工作。
- 昨晚，我祈祷自己生命中能有一件事是确定的。

似乎，所有人都想要成为 20 多岁的年轻人，除了 20 多岁的年轻人自己。现在如果有人再说"30 岁是新的 20 岁"，我会告诉他，"天啊，我希望不是"。

*　　*　　*

在美国，现在正有 5000 万名 20 多岁的年轻人面临着前所未有的不确定性。我们在这里谈论的是总人口的 15%，或者 100%，如果考虑到每个人都会经历自己的 20 多岁的话。

他们中的大多数人都不知道自己未来两年甚至十年将会做什么，在哪里生活，或者和谁在一起。他们不知道自己什么时候可以获得幸福，什么时候能够支付自己的账单。他们不知道自己是应该做摄影师，还是应该做律师、设计师抑或是银行从业者。他们不知道自己与真爱相隔的是几次约会，还是好几年漫长的等待。他们不知道自己是否会组建家庭，以及拥有长久的婚姻。简单地说，他们不知道自己的未来将会如何，也不知道自己可以为此做些什么。

不确定性使人焦虑，而各种分散注意力的事物则成了现代人的精神鸦片。许多像凯特一样的年轻人被哄骗，甚至被鼓励去逃避自己真正的人生，只消闭上眼，期望一切都好。2011 年《纽约》杂志刊文写道，"这些孩子实际上不会有什么问题"[22]，并指出这些 20 多岁的年轻人虽然面临经济上的挑战和困难，但心态依旧乐观，对未来充满希望。文中解释道，现在我们有各种音乐播放软件，"你不需要花钱去买一大堆唱片"。它还强调社交媒体可以令你"花最少的钱，享受到最多的娱乐"。

俗话说，"希望可以当早餐，但不能当晚餐"[23]。虽然希望作为一种有用的心理状态，可以帮助许多备受煎熬的年轻人早晨从床上起来，但一天结束，他们需要的不只是乐观，因为临近 30 岁时，许多人想要的不只是音乐和娱乐。

我之所以这样说，不只是因为有许多 20 多岁的年轻人曾向我倾诉他们的纠结和烦恼，更在于有许多三四十岁的人（最早的所谓千禧一代）曾向我吐露他们对于自己 20 多岁的后悔和悔恨，他们痛苦地意识到，人生不一定会越来越好。或许我们听说过，30 岁是新的 20 岁。但就工作、爱情、大脑和身体而言，40 岁绝不是新的 30 岁。

许多 20 多岁的年轻人认为 30 岁后，人生会立马步入正轨。或许如此，但那依然是不一样的人生。我们以为，如果 20 多岁时什么都不做，那么 30 多岁时一切皆有可能。我们以为，如果现在不做决定，那么未来就还有做决定的可能。但不做决定，本身也是一个决定。

若将所有事情都推迟到 30 岁之后——挣钱、结婚、定居、买房、升职、创业、享受生活、念研究生、生两三个孩子以及为孩子上

XXXVIII

大学和退休存钱——那在未来等待你的，将会是巨大的压力，留给你的时间，也将会越来越少。而且，许多事情相互之间并不兼容。研究表明，30多岁时想同时兼顾所有事情，困难重重[24]。

虽然人生并非终止于30多岁，但在步入30岁之后，人生的确感觉会非常不同。一份凌乱不堪的工作简历，若出现在20多岁，倒觉无碍，因为年轻；但若出现在30多岁，则显得可疑，令人尴尬。一次还不错的约会，若发生在20多岁，你可能还会怀以"遇见真爱"的浪漫幻想；但若发生在30多岁，你会更多地开始盘算什么时候结婚，什么时候生子。

当然，对于很多人来说，这些的确会顺利发生。有许多30多岁的夫妻在生孩子之后对我说，他们找到了新的使命和意义。但与之相随的，还有无尽的遗憾和懊悔：发现自己现在无法去追求自己想追求的事业；意识到自己现在很难给孩子自己想给的时间和照顾；发现生育问题或工作后的疲惫，正阻碍着自己组建想要的家庭；意识到孩子上大学后，自己快要60多岁了，而在孩子结婚时，自己可能已经70多岁了；更遗憾的是，自己也许永远看不到自己的孙子孙女。

如今的中年危机，已不再是没有钱买红色跑车，而是痛苦地发现自己一边努力着，奋斗着，不想错过什么，却一边无可避免地错过生命中那些最重要的人和事。如今的中年危机，是悲伤地发现，推迟做一件事并不等于更好地做这件事。有太多三四十岁的男性和女性，他们不是不够聪明，也不是不够用心，但当他们发现自己需要用一辈子的时间去追赶错过的人生时，也只徒剩叹息。他们问自己，也问坐在对面的我，谈论着自己的20多岁，"我那时究竟在做什么？我究竟在想什么？"

* * *

在接下来的章节里，我想表达的核心观点是，30岁不是新的20岁。我之所以这样说，不是因为20多岁的年轻人不会或不该比他们的父母更晚安定下来。几乎所有人都同意，工作和爱情之所以会更晚发生，除了经济上的考虑，还在于他们有能力更晚工作，更晚结婚。我之所以这样说，正是因为我们要比过去更晚安定下来。这意味着，20多岁绝非无关紧要的自由时间，而是一辈子只有一次的绝佳成长期。

关于儿童发展，我们很可能都听说过这样一个观点：5岁前是儿童成长发育（包括语言、情感、视觉、听觉及大脑发育）的关键期[25]。这个关键期也被称作敏感期，是我们快速学习的最佳机会。不过，我们可能比较少听到的是成人发展这个概念。而20多岁，作为成人发展的关键期，同样也是我们进行改变和快速成长的最佳机会。20多岁时，任何一个改变，都可能带来巨大的影响。20多岁时，我们看似寻常的生活，将会为我们的未来带来超乎寻常的影响。

在后面的章节里，我们将探讨"工作""爱情""大脑与身体"——它们相互独立却又相互交织，将贯穿我们整个20多岁。在"工作"这一部分，我们将探讨为什么20多岁时的工作经历，往往对我们未来的职业生涯及经济收入产生最大的影响，即使它们看上去并不光鲜。在"爱情"这一部分，我们将探讨为什么20多岁时有关爱情的决定，甚至可能要比有关工作的决定更重要。在"大脑与身体"这一部分，我们将了解到 20 多岁时尚在发育的大脑是如何影响我们未来成为什么样的人的，就像我们 20 多岁时正处于生育能力高峰期的身体是如何影响着我们对于未来的计划的。

不久以前，像凯特一样的 20 多岁的年轻人，他们的父母在想清楚自己是谁之前就已经迈入了婚姻的殿堂。他们在自己的大脑完全发育成熟之前，便已经做出了人生中最重要的决定。但现在，21 世纪的年轻人有机会去创造真正属于自己的人生，有机会去做出有关工作、爱情、大脑与身体的决定。但真正属于你的人生，并非随着年龄增长，或因为心态乐观就会自然出现。这需要活得更有目的性一点（如凯特所言），以及一些高质量的信息；不然，我们将与之擦肩而过。长久以来，我们很难寻得真正高质量的信息。

新闻记者有时会在头条文章上写道："20 多岁的年轻人有什么特质？"[26] "为什么他们不能再成熟一点？"[27] 但 20 多岁并非一个谜。我们的确知道 20 多岁是怎么回事，而所有的年轻人也有权知道这一点。在接下来的章节里，我将融合成人发展领域的最新研究，以及来访者和学生所分享的私密经历，并引以心理学家、社会学家、神经科学家、经济学家、人力资源主管及生育专家对于 20 多岁的看法和洞见，向你揭示 20 多岁的独特力量，以及 20 多岁这段时光是如何塑造我们的人生的。与此同时，我还会向流行文化及社会常识发起挑战，向你展示它们是如何误导我们对于最为宝贵的 20 多岁的理解的。

你将会发现，为什么是那些我们几乎不认识的人，而非最亲近的朋友，对我们的人生影响最大。你将会发现，如何踏入职场才会让我们感觉更好，而非更糟。你将会发现，为什么同居或许并非测试感情的最好方式。你将会发现，为什么20多岁时我们的性格会发生最大的改变，而非这之前或这之后。你将会发现，我们可以选择我们的家庭，而不只是选择我们的朋友。你将会发现，自信并非由内而外，而是由外而内。接下来，我们将从"我是谁"这个问题开始：若想回答这个问题，我们需要的是一两个所谓的"身份资本"，而非陷入所谓的身份认同危机而无法自拔。

我的一位同事常说，20多岁的年轻人就像一架刚从纽约起飞的飞机。它要往西边飞，但起飞后航向的一丁点变化，都能决定最后是着陆于阿拉斯加还是斐济。类似地，在我们20多岁时，哪怕一个小小的改变，也将对我们30岁及以后的人生造成巨大的影响。

20多岁这段时光是一个"悬"而未决的"动荡"时期。但如果我们知道如何导航，哪怕是一次只懂得一点点，我们就能让自己在20多岁比人生其他任何阶段飞得更快，飞得更远。在这个关键时期，我们所做的事情以及没有做的事情正决定着我们的未来，甚至是下一代的未来。

所以，让我们出发吧。就是现在！

工　作

THE DEFINING DECADE

1. 身份资本

> 成熟，非朝夕之功，乃以烈火与世事，千锤百炼而成。
>
> ——凯·希莫威茨（Kay Hymowitz），社会评论家

> 我们不是突然之间就来到这个世界的，而是一点一滴诞生于这个世界的。
>
> ——玛丽·安廷（Mary Antin），作家

海伦之所以寻求心理咨询，是因为据她所言，她正在"经历一次身份认同危机"。她以前做保姆，后来去做瑜伽静修，现在重回原点，继续做保姆，并等待她所谓的"灵光乍现"。海伦的穿着看起来似乎总像是准备去上瑜伽课一样，无论她是否真的要去。海伦这种休闲的生活方式，曾经一度让她那些已经迈入"真实世界"或选择进一步深造的朋友羡慕不已。而海伦自己，则如同一朵悠闲的云，在20多岁的天空里飘来飘去。

不过，没多久，海伦的这种自我探索，反倒成了一种内心折

磨。到了 27 岁，她感觉那些过去曾羡慕自己还可以去冒险的朋友，现在反倒有点可怜她。当他们在自己的人生路上不断前进时，海伦却依然推着别人的婴儿车，在马路上四处晃悠。

海伦的父母曾对于她的大学生活有着十分明确的期待：加入 Tri-Delt 女子社团，以及修读医学预科课程。海伦对于医学毫无兴趣，而且她也不是社团类型的女生。事实上，海伦擅长摄影。她真正感兴趣的是艺术。自入学后，她一直很讨厌那些医学课程，而且在这些课上表现差劲。她羡慕自己的朋友可以参加那些有趣的阅读活动；而她会抓住每一个机会，去参加和艺术有关的课外活动，把自己的空余时间排得满满当当。海伦的大学生活，一边是令人痛苦的生物学必修课，一边是自己真正喜欢的课外活动。就这样过了两年，海伦决定转去艺术专业。但海伦的父母表示担忧："未来你要怎么靠艺术养活自己？"

毕业后，海伦曾尝试以自由摄影师的身份，在社会上立足。但由于工作不稳定，海伦甚至连电话费都支付不起。生活的压力，令艺术生涯黯然失色。海伦想继续留在摄影领域，但是未来如同一团迷雾，让她看不清前路。没有医学预科的证书，甚至连一份漂亮的大学成绩单也没有，无奈之下，海伦开始做保姆。赚的虽然算不得正经收入，但也聊胜于无。日子一天天打马而过。海伦的父母叹息道："我们早告诉过你。"

现在，无论是通过瑜伽静修，还是和朋友聊天，海伦都希望自己有一天"灵光乍现"，一下子就知道自己到底是谁，然后就可以开始自己真正的人生了。我对此持怀疑态度，而且告诉她，过度的自我探索，对于 20 多岁的年轻人而言结果往往会适得其反。

"但这就是我现在所应该做的事。"海伦说。

"什么事？"我问。

"经历现在的身份认同危机。"她说。

"谁说的？"我问。

"我不知道。大家都这么说。书上也这么说。"

"我想，你对于身份认同危机这个词，以及如何摆脱它，存在一些误会。"我说，"你听说过爱利克·埃里克森这个人吗？"[1]

*   *   *

生于德国的爱利克·萨洛蒙森（Erik Salomonsen），从小就不知道自己的亲生父亲是谁。他有一头金发，但他母亲却是黑发。在他三岁生日时，他母亲嫁给了当地的一位儿科医生。他随继父的姓，更名为爱利克·洪布格尔（Erik Homburger）。他的父母以犹太人的传统抚养他长大。在教堂里，爱利克会因为肤色白皙而被笑话。在学校里，他则因为犹太人的身份而遭到嘲笑。"我是谁"，这个问题让爱利克一直百思不得其解。

高中毕业后，爱利克想成为一名艺术家，于是他一边环游欧洲，一边修读艺术课程，有时还会在桥下过夜。25 岁时，他回到德国，成为一名艺术教师。在此期间，他学习了蒙台梭利教育法，也组建了自己的家庭。那时，一些赫赫有名的精神分析学家的孩子，便是他的学生。因着这样的契机，爱利克接受了安娜·弗洛伊德（西格蒙德·弗洛伊德之女）的精神分析，并在后来进一步学习精神分析法，且获得相应学位。

30多岁时，爱利克举家迁至美国，并在美国成为著名的精神分析学家及发展心理学家。他曾任教于哈佛大学、耶鲁大学和加利福尼亚大学伯克利分校，并撰写了好几本书，后来还荣获普利策奖。在此期间，爱利克将自己的名字改成了爱利克·埃里克森（Erik Erikson）。其字面意思是"爱利克是他自己的儿子"，暗指他没有父亲，而他是他自己的创造者。在埃里克森提出的众多概念之中，最为著名的便是"身份认同危机"。彼时是1950年。

虽然埃里克森生活于20世纪，但是他的成长环境却像极了21世纪。他的家庭为混合家庭。文化归属和身份认同的问题，于他而言只是家常便饭。他10多岁和20多岁时，便一直在寻找自我。在当时的大环境下，各种社会身份像电视快餐一样现成而易得，而埃里克森的经历却让他去设想每个人都有身份认同危机，或者至少应该都有。他认为，那个真正的自己不应在匆忙之间被妄加定义。所以，他提倡青年人要通过一段时间去探索自我，而不用担心风险或责任。对于一些人而言，这段时间是大学时光。对于其他人而言，譬如埃里克森，这段时间是一个人的长途旅行时光。不管怎样，重要的是找到自我，并活出自我。在埃里克森看来，每个人都应该创造属于自己的人生。

我和海伦聊到埃里克森是如何从身份认同危机一步步走向普利策奖的。是的，他曾四处旅行，还在桥下过夜。但那只是故事的一半。他还做了什么？25岁时，他在学校教艺术，还学了蒙台梭利教育法。26岁时，他开始接受精神分析培训，并遇见一些颇具影响力的人物。到了30岁，他已经取得精神分析的学位，并以教师、作家、理论家和精神分析学家的身份开启自己的职业生涯。没错，埃里克森年轻时曾经历身份认同危机。但与此同时，他一路上还积累着社会学家们所说的："身份资本"[2]。

* * *

身份资本是我们个人资本的积累。它体现着我们是谁，以及我们的人生是如何度过的。它包括我们对自己的投资，以及因我们擅长或长时间从事而逐渐演变为自己身份一部分的事情。若想真正寻得"我是谁"这个问题的答案，仅仅像海伦一样等待自己"灵光乍现"是不行的。身份资本才能让我们一点一点地，建立真实的自己。

一些身份资本，譬如学位证书、工作经历、考试成绩或社团活动，可以写在简历里；但另一些身份资本，则更为私人化，包括我们是如何向外界展现自己的，我们是如何解决问题的，我们从哪里来，以及我们的爱好或其他人生经历。这些加总在一起，才构成了我们独一无二的身份资本。它就像是成人世界里的虚拟货币。我们可以用它来购买自己想要的机会、工作和其他东西。

20多岁的年轻人，譬如海伦，或许会认为自己现在正在经历身份认同危机是理所当然的，而积累身份资本是以后的事。但事实上，经历身份认同危机和积累身份资本，可以而且应该同时进行，就像埃里克森做的那样。研究人员在研究人们如何解决身份认同危机[3]时发现，那些只是积累身份资本，而没有经历身份认同危机的人（只工作而没有自我探索的人），他们的人生会显得过于死板和传统。相反，若只是经历身份认同危机，而疏于积累身份资本，也有问题。随着身份认同危机的概念在美国逐渐流行，埃里克森曾亲自提醒大家，不要花太多时间在"无谓的迷茫"（disengaged confusion）[4]上。他对于太多年轻人处于"脱离社会的危险"表示担忧。

事实上，那些既能花时间探索自我，又敢于做出承诺的20多岁的年轻人，将会变得更加强大。他们不仅会变得更有自尊，也更懂得脚踏实地，坚持不懈。而且，他们的自我感将变得更加清晰，人生也更幸福；他们拥有更强的压力管理能力及理性分析能力，并且能不畏世俗活出真正的自我。这些都是海伦想要的。

我鼓励海伦去积累一些身份资本，比如先找一份可以写进简历的工作。

"现在正是我享受生活的时候，"她表示抗拒，"享受自由，趁着真正的人生还没开始。"

"可是，你真的享受吗？你来见我，就是因为你并不享受现在的生活。"

"但我是自由的！"

"你真的自由吗？你白天的确有大把的时间，但几乎你认识的所有人都在工作。你生活拮据。就算你有大把的时间，又做得了什么？"

海伦露出怀疑的表情，就好像我正在劝她离开瑜伽垫，而且马上就要把公文包塞在她手里一样。她说，"你估计是那种直接从大学本科念到研究生的人。"

"我不是。事实上，可能正是因为我大学毕业之后所做的那些事，才让我申请到了更好的研究院。"

海伦眉头微皱。

我思索了一下，问道："你想听一听我20多岁时的经历吗？"

"我想。"她挑战道。

*　　　*　　　*

大学毕业后，我的第一份工作是在一家户外拓展训练机构做后勤服务。我住在蓝岭山脉的大本营。而我一年中最美好的时光，莫过于开着一辆15座的面包车，一边听着音乐一边行驶在崎岖偏远的山间，给背包旅行中满身脏污又疲惫不堪的学生团体补给食物和燃料。他们通常好几周才能见到外面的人。他们每次见到我都很开心，一方面是因为我带来了更多的食物，另一方面也是因为我的出现提醒了他们，户外的生活仍在继续。

后来，一个拓展教练的职位出现空缺，我很快补上。自那之后，连续三年，我每年会有220天待在户外。我踏遍了北卡罗来纳州、缅因州、新罕布什尔州和科罗拉多州的大小山脉。有时，是和退伍军人们一起；有时，则是和华尔街的CEO们在一起。我还曾经和一群女中学生在波士顿港约9米长的帆船上度过了漫长而炎热的暑假。

我自己最喜欢的户外拓展活动是为期 28 天的独木舟探险，参加者可以在整个萨旺尼河上穿行。这个活动我已经带了十多次。我们会从萨旺尼河的发源地——佐治亚州奥克弗诺基沼泽出发，途径佛罗里达州北部，一直划行到墨西哥湾，全程约 560 公里。而参加活动的学生，是正在服刑的少年犯。他们有的来自市中心，有的则来自偏远地区。他们犯下的罪状，包括暴力威胁与殴打他人、贩卖毒品和重大盗窃等，但不包括谋杀和性犯罪。

这项工作本身很有意义，甚至还很有趣。这些经常出入看守所的孩子们，甚至还教会了我如何玩"黑桃王"游戏。晚上，在他们钻入睡袋躺下后，我会坐在帐篷外，为他们大声朗读《金银岛》之类的探险书籍。很多时候，我会看见这些孩子在河岸边活蹦乱跳，尽情展露孩子的一面，似乎烦恼全无。

不过，烦恼并未全无。有一次，我不得不在探险过程中向一位 15 岁的女孩（她现在已是两个孩子的妈妈了）转告一则坏消息：她的妈妈因艾滋病不幸去世。而那时，我也才 24 岁。

我最开始以为这份户外工作，自己做一两年就够了。但在我意识到之前，我已经做了将近四年。休假期间，我曾经回到大学，看望自己最喜欢的老师。我还记得她说："你考虑读研吗？"这对我来说是一个提醒。我的确考虑过读研，而且也慢慢厌倦了户外的生活。"那你还在等什么？"她问。似乎我在等的，就是这个提醒。于是，我开始申请读研。

临床心理学研究生的面试现场挤满了刚毕业的大学生。他们大多提着崭新的皮包，穿着并不合身的西装。当然，我也不例外。在户外待了几年后，这样的场合倒让我感觉有点不太习惯。我在皮包里塞满了各种可能面试我的教授们写的学术论文。我打算在面试时大谈特谈他们做过的各种临床实验，并假装对这些实验热情十足（即使我可能这辈子也不会做）。

不过，没有人想谈这些。

几乎无一例外，面试官在看过我的简历之后都会兴奋地说："讲一讲你带户外拓展活动的经历！"或是某位老师在和我打招呼时，以这样一句话开头："所以，你就是那个户外拓展女孩！"后面好几年，甚至到了实习面试，我大部分的时间也都是在回答诸如"如果孩子在野外失踪了要怎么办"或"河里如果有短吻鳄，游泳是否安全"之类的问题。这种情况，一直到我从加利福尼亚大学伯克利分校获得博士学位之后，才慢慢好转。

我和海伦分享了我的一些故事，并告诉海伦，当你从学校迈入社会之后，很多规则都已不再相同。对于某些20多岁的年轻人而言，他们的人生或许建立在常春藤院校的学历，或加入全美大学优等生荣誉协会之上。但更多时候，那些真正决定你未来职业道路的，并不是你在学校学的专业和平均学分绩点（GPA），而是两三个能让别人对你产生兴趣的身份资本。而我担心，海伦还没有这样的身份资本。

没有人会在面试海伦的时候兴奋地说："讲一讲你做保姆的经历！"这让我不禁为她的未来担忧。

在我敦促她去找一份正经的工作之后，海伦说，她计划先去咖啡馆工作。她还提到了一个在数字动画工作室做临时工的面试机会，但她并不打算去。按她的话讲，咖啡馆的工作看上去"很酷，而且没那么商业"；而动画公司的那份工作可能只是"去银行跑跑腿"和"基本上都在收发室里打杂"，她并不想做。

在听到海伦计划去咖啡馆工作时，我的下巴几乎都快要掉到地上了。我曾从其他来访者那里听到过无数次所谓的"星巴克阶段"，而我所知道的关于年轻人就业不足、关于身份资本的一切都提醒我，海伦将会犯下大错。

*　　*　　*

大多数 20 多岁的年轻人都曾历过就业不足，包括之前从事后勤服务的我。他们做着与自己能力不匹配的工作，显得大材小用，或是做着兼职（其背后原因，通常尚可理解）。有些工作是为了在备考经济管理研究生入学考试（GMAT）时或是在研究生期间补贴生活，有些工作则是为了让自己有事可做，以顺利度过经济衰退或是疫情时期。还有些工作则可以给自己积累身份资本，就像我做户外拓展的领队一样，而这比什么都强。我那时赚得不多，一年大约 20 000 美元，如果我记得没错的话。但这份工作很好地体现了我的领导力、团队合作能力、统筹能力及求生技巧，而这些，在后来都有了回报。

但有些工作，没有回报。有时，这些工作仅仅是一种逃避，逃避真正的工作。比如在滑雪场运行缆车，或者像我认识的某位高管所说的"永恒的乐队事业"。或许，这些工作的确有趣，但这也向你未来的雇主展现了你在某一时期的迷茫。毕业后，一大堆零售商店和咖啡馆的工作经历出现在简历上，会让你显得比别人落后一截。除非你真想在这些领域有所作为，并以此为业，否则这些将为你的简历甚至你的生活带来负面的影响。

我们在工作中越晚站稳脚跟（无论是在什么领域），我们越有可能变得像一位记者所描述的那样，被长时间的漂泊不定所"异化和伤害"[5]。研究告诉我们，仅仅9个月的就业不足，就可以让20多岁的年轻人比那些充分就业的同龄人更加缺乏动机[6]，更加抑郁，甚至和那些失业的同龄人相比，也是如此。但是，在你认定"失业"比"就业不足"更好之前，请考虑这一点：与20多岁时失业相关联的，是中年时期的酗酒问题和精神抑郁[7]，即使有了固定工作，情况也没有改变。

这样的例子，我见过不少。那些本身聪明机敏的年轻人，为了避免踏入"真实世界"而不去从事"真正的工作"，因此在就业不足的状态里年复一年地混着日子。慢慢地，他们被这样的状态磨去了本有的激情和动力，而不再去寻找那些或许能让他们真正快乐的工作。后来，这样的工作甚至也变得越来越难找。有一点，被经济学家和社会学家所一致认同：20多岁时的工作经历将为我们职业生涯的成功带来超乎预料的影响[8]。"在你20多岁时，你一生能赚多少钱就已经基本确定了"[9] 2015年《华盛顿邮报》一篇头条文章如此总结。这篇文章披露了一项针对500万名工作者的长达40年的研究。研究结果显示，他们的最高薪资当然不是在他们 20 多岁时赚得的；但他们 20 多岁时的工作经历，将很大程度上决定他们未来的赚钱能力。为何如此？因为最开始那十年的工作经历，通常会为我们塑造出陡峭的学习曲线，而这样的学习曲线会随着我们逐渐成熟，而在后来形成陡峭的赚钱曲线。

这意味着，或许 20 多岁正是你为工作而背井离乡的时候，20 多岁正是你为申请读研究生而焦头烂额的时候，20 多岁正是你为梦想而加入那家创业公司的时候。即使你第一份工作的收入不高，但你的雇主或导师也许会为你投资，让你去积累更多的身份资本，而这些将在未来为你带来更大回报。你要知道，在你 30 岁之后，家庭和房屋贷款将会成为你不得不考虑的因素。到了那时，再想追求更高的学位或进行大的人生变动，困难指数将攀升。你的收入增长也会开始减慢。20 多岁的年轻人，或许觉得前面还有好几十年的时间在等着自己，钱可以慢慢赚，不着急。但事实是，平均而言，收入的高峰期及稳定期是在 40 多岁 [10]。所谓好几十年的时间，其实并没有想象中那么多。

那些觉得自己有大把时光可以浪费，而选择不就业或就业不足的年轻人，将会错过重要的学习积累期。就算后面步入正轨，顺利开始自己的职业生涯，他们也很可能永远无法弥补自己和其他人的差距。他们在步入三四十岁后，或许有一天会突然发现，自己 20 多岁时随意选择的工作最终让自己付出了惨痛的代价。而这一切早已无法重新来过。与此同时，人到中年，酗酒问题和精神抑郁则开始上演。

在如今的经济环境下，基本上所有人在 30 岁之前都曾经历过就业不足。那么，20多岁的年轻人该怎么办？幸运的是，不是所有的就业不足都那么糟糕。对此，我一直以来的建议都是选择身份资本含量最高的工作。

＊　　＊　　＊

在海伦把话说完之后，我告诉她，咖啡馆的工作或许有各种好处，比如同事们很容易相处，或者会有饮料优惠。它的报酬甚至可能比在动画工作室做临时工还要高。但是，它没有任何的身份资本。从海伦需要的身份资本来看，动画工作室的工作，很明显更胜一筹。我鼓励海伦去参加面试，不要把做临时工当作打杂，而是当作对梦想的投资。她可以借此学习数字艺术，并积累人脉。她可以通过许多方式来增加自己的身份资本。

"也许，我应该再等等，看看有没有更好的……"海伦还在迟疑。

"但是更好的，可不是等来的，"我强调，"而是你从现在这一份身份资本上一点一滴积累起来的。"

在接下来的几次心理咨询中，我俩一起准备面试。她的医学预科成绩不尽如人意，再加上她父母对于她转学艺术的决定嗤之以鼻，这一切让海伦心里感觉不太自信。但是，我之前没有提到，海伦是我见过的气质最好的来访者之一，她不仅擅长社交，而且有着非常棒的沟通能力和理解力，工作也很用心。虽然她在大学里的表现不算完美，但是她拥有的这些身份资本并没有被写

在简历里。只要海伦能去面试现场，那么按她的个性来，一切都
会水到渠成。

面试官并没有在大学成绩或自由摄影师的经历上为难海伦；
相反，他们很聊得来。面试官还发现，海伦和他的妻子毕业于
同一所学校，同样也是艺术专业。两周过后，海伦开始在这家动
画公司上班。又过了 6 个月，她从临时工转正，有了自己的办公
桌。再后来，一位电影导演在海伦的办公室里待了几周，发现海
伦很适合做摄影助理。就这样，她被带去了洛杉矶。如今，海伦
正在洛杉矶拍电影。下面这段话，是海伦的分享，既涉及她 20
多岁时的经历，也涉及一路帮助她走到现在的身份资本：

> 我简直不敢相信，毕业之后就再也没有人问过我的
> 成绩。大家说得没错，没有人在意你的 GPA 是多少，或
> 者是否读"错"专业，除非你打算申请读研。这句话，
> 我感觉最好不要和在校生说。
>
> 我后来想了想我爸妈说的那句话："未来你要怎么靠
> 艺术养活自己？"现在这个问题，对我来说根本就不成
> 立。在我认识的朋友里，没有哪个人在毕业的时候，就
> 非常清楚自己想做什么。他们现在做的事情，通常是他
> 们在读大学的时候甚至都没有听说过的事情。我有一个
> 朋友是海洋生物学家，现在在水族馆工作；还有一个朋
> 友正在读流行病学研究生，而我自己在做电影摄影。我
> 们毕业的时候，根本都不知道还有这些工作存在。

所以，我特别希望自己在刚毕业那几年能多做一些事情。比如推自己一把，去尝试更多类型的职业，让自己做一些"工作"上的实验。而这些，对于现在即将步入30岁的我，已经不太可能。为了解决心中的疑惑，我承受了很大的心理压力。然而我发现所有这些思考，真的都只是白花力气。我在这里学到的一个教训是：你没办法通过苦思冥想来了解自己想做什么，唯一的办法就是，去做一些事情。

每次我收到海伦的消息时，都会不禁感叹，如果她当时选择去咖啡馆工作的话，后来将会怎样。很可能，原本轻松有趣的工作，反而很快就变成无聊重复的苦差，而这样就业不足的状态，也许会比预想中更难摆脱——相比于，比如说，那些选择去动画公司工作的年轻人。

当然，海伦不会一直在咖啡馆工作。但是，她也不会因此被导演看中。因为导演只会把她看作咖啡馆的员工，而不会把她和电影行业扯上任何关系。不难想象，五年十年之后，咖啡馆的海伦和动画公司的海伦，她们之间的差别将会有多大。这样的对比，莫不让人感叹。幸好，海伦选择了让人生继续向前。她凭借自己现有的这些身份资本，成功获得了自己想要的下一个身份资本。而且她和面试官的妻子毕业于同一所学校这件事也没什么不好的。关于这一点，你马上就会知道，它基本上是许多事情成功的关键。

2. 弱连接

那些几乎只和一小群人来往的人，也许永远不会意识到，真正决定他们生活的，不是自己频繁来往的那一小群人，而是他们未能想象的、更大的一群人。

——罗斯·科泽（Rose Coser），社会学家

简单的一个"好"字，能让你获得你的第一份工作、你的下一份工作、你的伴侣甚至是你的孩子。虽然说出它会让你感觉有一点紧张，有一点不舒服，但这意味着你将会做一些不一样的事，遇见一些不一样的人，为这个世界创造一些不一样的改变。

——埃里克·施密特（Eric Schmidt），

Google 前执行董事长

多年前的夏天，一个大盒子出现在我家门前。标签上显示的寄件方是一家位于纽约的大型出版社，收件方是我。

那时，我正在加利福尼亚大学伯克利分校教书，并为秋季学

期的两门心理学课做准备。我之前订购了一些教科书想来看看，但当我打开盒子时，发现里面不是教科书，而是将近100本平装书，有虚构类书籍、非虚构类书籍、学术著作及通俗读物。里面附有一张发票，上面写着某位编辑的名字。我把这一大盒书搁在我家饭厅的桌子上。朋友们来我家参加烧烤派对时，都会问："你怎么有时间读这么多书？"我说"这些书是被邮过来的，我也不知道为什么"，可这个解释并没有让他们感到满意。

　　一段时间后，我给发票上的那位编辑发了一封电子邮件，试图了解情况。我告诉她，我这有一大盒书，或许原本是要寄给她的。她告诉我，这些书应该是不小心送到我这儿的；不过没关系，好好享受它们。我向她表示了感谢。我们还在邮件里交流了如何挑选教科书。后来，我家再次举办烧烤派对，那一大盒书依然搁在那里。我请朋友们带走他们想看的书。皆大欢喜。

　　大约一年后，我打算自己写一本书，也就是现在这本。我在教学和心理咨询的过程中，曾遇到过许多20多岁的年轻人，他们迫切地想要且需要摆脱自己正面临的人生困境。就这样，这本书的雏形开始在我脑海中逐渐形成。它将融合我在教学、研究和心理咨询工作中对20多岁年轻人的理解和想法，并致力于为世界各地的年轻人带来启发。

　　为此，我从一位曾经出过书的同事那里（我和她并不熟悉）借了一份她之前使用过的图书提案，作为参考。而我利用自己的空余时间，也完成了图书提案的撰写。但我不知道接下来该怎么办。"我不认识任何出版行业的人"，我心里这样想。

不过，我想到了那一大盒书。

于是，我给那位之前联系过的编辑发了一封邮件。"你可能会讨厌别人这样做"，我写道。然后，我问她是否愿意看看我的图书提案，或者把它发给其他愿意看的人。她在看过之后，很快就把我介绍给了相关的出版人员。没过多久，这本书便找到了自己的出版商。

有趣的是，一直到本书面世十年之后的今天，我依然没有见过那位不小心把一大盒书发给我的编辑；而我与那位借我图书提案的同事也只有一面之缘。没有人，也没有任何理由，要给我什么特殊待遇。大家都是公事公办。而本书的诞生，也和许多成人世界里的机缘巧合一样，都源自所谓的"弱连接"。

*　　*　　*

"城市部落"[1] 被高估了。

2001 年，作家伊森·沃特斯（Ethan Watters）首次在《纽约时报杂志》（*New York Times Magazine*）的一篇文章中提出了"城市部落"的概念。他所描述的是一种临时家庭。随着年轻人独立生活的时间越来越长，这种家庭形式正逐渐兴起。基本上我们 20 多岁时认识的大学同学正逐渐组成我们的临时家庭，或城市部落。他们是回复我们信息的人；他们是参加我们聚会及生日派对的人；他们是开车载我们去机场或音乐节的人；他们是在周末和我们一边吃着墨西哥卷饼，喝着啤酒，一边抱怨约会对象，或是一边吃着甘蓝，喝着康普茶，一边抱怨老板的人。

甚至在 2001 年之前，城市部落就已经成为各种情景喜剧和电影里的主角。史上最受欢迎的电视剧之一《老友记》，自 1994 年开播以来便不断受到年轻人的喜爱和追捧。直到 2004 年最后一季甚至之后，其热度依旧不减。《经济学人》称其为"世界上最受欢迎的情景喜剧"[2]。2018 年，《老友记》荣获 Netflix 观看量第二名的好成绩。而那年的第一名——《办公室》（从 2005 年播到 2013 年），则主要讲的是年轻一代在职场里的苦辣酸甜。这两部剧从现在来看，都已是超越时间的存在，而背后原因则在于年轻人在工作、爱情和生活中的苦辣酸甜，同样超越时间。

抛开喜剧和电视不谈，城市部落的好处是实实在在的。经过一天的辛劳，大多数年轻人下班之后不是和父母或伴侣在一起，而是和朋友在一起。当节假日来临，年轻人无法或者不想回家时，有朋友一起聚，一起玩，一起过节，那将是令人宽慰的一件事。而在这段艰辛而关键的时期，有一群真正属于你的朋友，甚至能帮你度过生命里最黑暗的时光。

毫无疑问，对许多年轻人而言，朋友非常重要。许多快乐而美好的时光，都是和朋友们一起度过的。但当我们把所有注意力都只放在一小群人身上时，问题便开始出现了。这是因为朋友或许是最能提供帮助和支持的人，但他们往往并不是对我们的生命产生最大影响和改变的人。朋友，或许可以在我们生病时提供支持和照料，但真正让我们的生命往好的方向产生快速而剧烈变化的人，往往是那些我们几乎不怎么认识的"圈外人"。

＊　　＊　　＊

　　早于 Facebook 出现的 25 年前，社会学家兼斯坦福大学教授马克·格兰诺维特（Mark Granovetter）曾做过一项极具开创性且非常著名的社会网络研究。格兰诺维特好奇：社会网络是如何促进社会流动性的；换句话说，我们所认识的人是如何帮助我们完成职业上的转换或升迁的。为此，他调研了波士顿郊区近期换过工作的人，想了解他们是怎样找到新工作机会的。格兰诺维特发现，那些在他们找工作的过程中最有帮助和最有价值的人，并非他们的家人和朋友。按理说应该是家人和朋友给予的帮助最大，但实际上，超过四分之三的工作机会，来源于那些仅仅"见过几面"或"几乎不认识"的圈外人。后来，格兰诺维特以此写了一篇极具开创性的论文，题目为《弱连接的强大之处》（The Strength of Weak Ties）[3]。

　　据格兰诺维特所言，并非所有的关系或连接都是一样的。有一些强，有一些弱，而关系的强弱程度会随着时间和经历的累积而增长。小时候，强连接是我们最好的朋友和家人。20 多岁时，强连接则是我们的城市部落。

　　而弱连接，是那些我们曾经遇见的（或不知怎么就认识的），但目前并不怎么了解的人。他们是我们几乎没怎么说过话的同事，他们是我们见面时仅仅打声招呼的邻居，他们是我们刚认识的一直想约却没约的朋友，他们是我们好几年都不曾联系的老友，他们是我们以前的老板或老师。比如，对我来说，我的弱连接是那位曾经借我图书提案的同事，也是那位不小心寄来一大盒书的编辑。它包括我们联系过的所有人，以及这些人联系过的所有人。它可以是所有人，不过要除去目前的强连接。

为什么有的人会成为我们的强连接？100多年的社会学研究以及数千年以来的西方思想告诉我们，"物以类聚，人以群分"[4]，或者说是因为所谓的"相似性原则"。从学校到公司，我们更容易和与自己最为相似的人形成紧密关系。因此，那些成为我们强连接的人，比如城市部落，通常会是典型的排外的同质性小群体[5]。

而谈到这里，我们看看另一位社会学家罗斯·科泽所说的"强连接的弱点"[6]，或者这个排外的同质性小群体对我们的限制。虽然在这个小群体里，我们会感觉安全和熟悉，但除去这些，他们往往也给不了我们更多。正因为小群体的成员和我们太过相似（甚至面临着相似的困境），所以才无法给予实质性的帮助。关于工作和爱情，他们知道的通常并不比我们多。又或者说，若有什么他们知道的，那我们很可能也早就知道了。

而对于弱连接，因为我们感觉他们和自己太过不同，或离自己太远，所以他们没办法成为我们亲密的朋友。但关键便在这里。这恰好是弱连接的强大之处。正因为他们不是自己圈子里的人，所以他们可以让我们接触到圈子之外的新东西。新的工作、新的信息、新的公寓、新的机会、新的想法甚至是新的约会对象，这些几乎基本上都来自自己熟悉的圈子之外。他们就像是盒子里的巧克力，你永远不知道下一颗会是什么味道。

* 　 * 　 *

关于这点，我们不妨来听听科尔和贝齐的故事。

对于科尔来说，从大学毕业，就像是中学生终于盼来了暑假。主修工程学的他，整个大学期间都是在数不尽的方程式中度过的。似乎除了他，其他所有人都乐在其中。毕业后的这段时间，按他的话说，是他"彻底放松"和享受生活的机会。因此，他找了一份普通的测量员工作，想着每天准点上下班就好，并和一帮朋友合租了一间公寓，住在一起。他的这些"朋友"是他在酒吧或网站上认识的，有的甚至没有上过大学。几年后，这群人变成了科尔的城市部落。后来，他在回看这几年时，和我如此分享：

> 那时，我们就聚在一起，喝酒聊天，抱怨工作或大环境。我们不想干任何事，只是抱怨，而那些抱怨，连我自己都快听腻了。他们没有想过所谓的职业生涯，当然，我也没有。我只是想着下一场篮球赛或是其他什么。你或许会说，我们这群人还挺"酷"的。但那时，我以为大家都这样，因为我身边的人都这样。
>
> 后来，我时不时会听说，我在大学里认识的谁谁谁赚了很多钱，都开始自己创业了，或者是谁谁谁去 Google 工作了，或是怎样。然后我就想，"就他？这不公平。明明是我在大学拼命努力学习工程学，而他学的

是人类学。"这种感觉就像是同样是 20 多岁，别人都干出了一点什么，而自己什么也没干成。我虽然不想承认，但过一阵子后，我也想成为那样的人，我也想干出一点什么。我只是不知道怎么办才好。

有一次，科尔的姐姐强拉硬拽，把科尔拖去了她室友的 30 岁生日派对。那里基本上全是比他更年长、更成功的人，这让科尔感觉颇不自在。不过巧合的是，他在派对上邂逅了一位年轻的雕塑家，也是我的一位来访者——贝齐。

贝齐厌倦了交往同一种男生。她刚和那位"没有长大"的前男友分手，但后面交往的这位同样"没有长大"。最后，她来到我的心理咨询室，想弄清楚自己为什么总是喜欢上同一种男生。"我不是在和他们谈恋爱，"她冷冷地说道，"我是在给他们当保姆。"不过，即使贝齐对这个模式有了更多的觉察和认识，也依然未能改变自己一直遇见或注意同一种男生的现实。"我连一次像样的约会都没有。"她说。

贝齐不想参加派对的心情，其实和科尔相差无几。她和这位过生日的女孩是在几年前的动感单车课上认识的，不过自那之后，她都一直在婉拒这个女孩的派对邀请。但这次，为了遇见新的人，她回复了"好"，并坐着出租车来到派对。

贝齐在遇见科尔时，两个人的确擦出了火花。不过，贝齐心中颇为矛盾：科尔很聪明，也受过良好教育，但他似乎没什么太大的抱负。他们俩约会了几次，贝齐感觉还不错。但后来有一次过夜，贝齐看着科尔睡到第二天中午 11 点，然后拿着滑板出门，这让她又有点失去信心。她不想再来帮自己的男友长大。

不过贝齐不知道的是，自从科尔和她在一起之后，他心中原有的热情和动力也开始重新燃起。贝齐对于雕塑的热情（她甚至周末也在工作）以及她和朋友们一同讨论项目和计划的感觉，让科尔备受鼓舞。因为贝齐，科尔也开始变得更为未来考虑。后来，他看中了一家颇受关注的创业公司的技术岗，但又感觉自己的简历太过单薄。

不过幸运的是，科尔记得有一位高中同学在那家创业公司工作。虽然他们俩几乎一两年才见一次面，但科尔还是和他取得了联系，而这位朋友也在公司的招聘经理面前为科尔美言了几句。经过好几轮面试，最后，科尔成功获得了这份工作。招聘经理告诉科尔，他之所以被选中，原因有三：一是他的工程学背景，这说明他知道如何从事技术类项目；二是他的性格，似乎和这个团队很合得来；三是替他美言过的朋友——这位 20 多岁的年轻人在公司里深受大家喜欢。至于其他的经验，经理说，科尔可以在工作中学。

这个机会改变了科尔的职业轨迹。他开始在一家前沿的互联网公司学习软件开发。几年后，他跳槽到另一家创业公司做研发总监，这正是因为他所积累的身份资本，已经足够他去担任这样的职务。大约十年后，科尔和贝齐喜结连理。现在，贝齐正和别人合作运营一家画廊，而科尔则成了一家公司的首席信息官。他们俩的幸福生活，正在继续。回首过去，若不是邀请贝齐参加生日派对的那位女孩和科尔的那位高中同学，这一切或许都不会发生。

弱连接让他们的人生从此不同。

* * *

当我鼓励 20 多岁的年轻人去利用弱连接时，通常会有人表示抗拒："我讨厌社交""我想靠自己找工作"或"这不是我的风格"，诸如此类。我理解，但有一点需要说明：弱连接不等于裙带关系。裙带关系是指有些人通过关系（往往是他们的强连接），得到了他们本不该得到的东西。弱连接的强大之处在于信息传播的科学途径，它是借助其他人的力量，来让本该得到这些东西或机会的人，发现这些东西或机会。

又或者，不妨把弱连接的强大之处看作一种众筹或群体智慧。我指的是把你的问题——"我需要一份新的工作"、"我想在市中心找一套房子"或"我需要有人载我去蒙大拿州"抛给圈子之外的人。如果你询问的不只是与你关系最好的五个朋友，那么你会更容易找到新的工作、新的房子或载你去蒙大拿州的人。

你还是不信？要知道，那些不去利用弱连接（不去借助群体智慧）的年轻人，将落后于那些懂得利用弱连接的年轻人。听一听其中几位是怎么说的：

> 参加社交活动，积累人脉关系，无论如何，都不是一件坏事。我在一家行业排名前三的公司工作，据我所

知，公司里只有一个人是完全靠自己进来的。其他人全是靠关系进来的。

我非常不喜欢给自己不认识的人打电话。可是我现在的这份工作就是这么来的。我的父亲在一次假日派对上遇到了在这家公司工作的人；我后来给他打了电话，只是去了解一些信息。他把我的简历传给了相关的人。就这样，我得到了面试的机会。

我之前想去一家医院工作，所以一直在等他们发布招聘信息，但他们一直没有发布。直到有一天，我给在那家医院工作的朋友打了个电话。我一直在推迟打这个电话，因为我不确定这样做对不对，也怕让她感到为难。但她立马就给了我医院相关联系人的信息。当我去联系时，他们正打算发布招聘信息。就这样，我甚至在他们发布招聘信息之前就争取到了这个机会。如果我当时没有打那个电话，一切都有可能改变。幸好我推了自己一把。

有时，人们会认为"别人都有认识的人，我一个也没有"。这样想的人，或许会惊讶于自己居然有那么多未发掘的资源。比如大学或高中校友群。如果没有正式的校友群，你可以去 Facebook 或 LinkedIn 的群组里搜索自己的学校，看看大家都在哪里工作。如果有人做着你想做的事情，不妨给他们打个电话，或发封邮件咨询一些信息。大家都会这么做。你也可以。

许多20多岁的年轻人会通过强连接来让自己感觉到归属感和连接感。但讽刺的是，我们和一小群人关系越紧密，反而会让我们这一小群人变得越来越孤立，而和更大的世界失去联结。

真正的归属和联结感，不是你在凌晨1点可以给自己最好的朋友发信息，而是去拓展你的交际圈，认识那些可能改变你一生的人，即使他们不必如此。当我们意识到弱连接并不是不在乎我们或没有理由帮助我们的陌生人时，我们周围的世界（甚至是年轻人正犹豫不定，试图进入的成人世界）将会变得不那么冷漠或难以靠近。不管怎样，总有人愿意帮助我们。而关键在于，我们要知道如何有技巧地寻求别人的帮助。关于这点，我们有必要了解一下"富兰克林效应"。

* * *

18世纪晚期，本杰明·富兰克林还只是宾夕法尼亚州的一名州级议员。多年之后，富兰克林在他的自传里分享了当时的一则故事——关于他如何成功争取到对面阵营议员支持的。他写道：

> 我没有……通过任何卑躬屈膝的方式来赢得他的支持[7]，而是采取了另外一种方式。我在听说他收藏了一本非常罕见的书之后，就给他写了一封信。信中，我向他表达了我对这本书的渴望，并询问他是否可以借我几天，加以研读。他立马将这本书送了过来，而我在一周之后将其归还，并附了一张纸条，表达了强烈的感激之情。

我们后来在国会相遇，令人意外的是，他非常有礼貌地
向我打招呼（这在以前从未发生过）。而且自那以后，他
在各种场合都表现出友好和帮助的姿态。我们因此成了
非常要好的朋友，而我们的友谊一直持续到他去世的那
天。这再次印证了我很久以前听到过的一条格言：那些
帮过你的人，会比你想象中更愿意帮你。

富兰克林的这条格言在几百年后被社会心理学家证实[8]：当
你为某人提供帮助之后，你会更喜欢这个人——这意味着你很可
能会再次帮他或她。这一现象被称为"富兰克林效应"。

关于富兰克林效应，有一个问题人们通常很少讨论，但20
多岁的年轻人经常问我：富兰克林怎么知道对方最开始会帮他？
一个和自己不熟的人（即弱连接），为什么一开始会愿意帮我？

很简单，助人即助己[9]。人们在帮助别人时，会产生"助人
快感"（helper's high）[10]。无数研究表明，利他行为与健康、长
寿和幸福——所有这些成年人想要的东西，都呈正相关关系。大
多数人都还记得自己年轻时曾受过前辈的帮助和关怀，所以出于
感激，大家对于年轻人往往会更加照顾。对于他们来说，帮助后
辈，便是在帮助自己[11]；而那些利用弱连接寻求帮助的年轻人，
便是在给予机会，让这些前辈来帮助他们自己；除非这些年轻人
要求的太多了。

而关于这点，我们来看一看。

有些年轻人在向弱连接求助时，会带来过于宽泛的职业问

题，企图让别人帮自己规划未来。这些问题或许难不倒这些成功人士，但是这很可能会占据他们太多时间。比如，有人会发邮件问，自己研究生应该读哪个专业，要知道，这并不是对方用一两句话或一两分钟就能回答的问题。而且，你是适合做社会工作者还是民谣歌手，这样的问题实在不应该让弱连接来回答。

一位人力资源从业者曾对我说："我遇到过这种情况，他们约我见面，想了解公司未来的招聘计划。"她的身体向后靠在椅子上，双手交叉说道："我心想，'你约我见面，就请准备几个好问题，而不要只是问我在公司待了多久，绕一大圈才聊重点。'"

让我们仔细看看富兰克林提出的请求。他没有对那位议员说："去酒馆喝点花生汤？"（18世纪的这句话约等于现在给别人发邮件说："一起喝杯咖啡？""一起聊一下？"）富兰克林知道，这样的表述和邀请对于一位忙碌的专业人士来说，过于空洞和费解。相反，他采取了一种更有目的性也更有技巧性的方式。

富兰克林在此之前做过功课，知道那位议员的专业领域，所以让自己以一种更严肃、更正经的方式出现在他面前。富兰克林所需要的，正好也是议员所能提供的，而富兰克林的请求非常明确且容易满足：借一本书。

我刚开始创作本书时也使用了类似的策略。我没有问我的同事如何写一份图书提案，而只是问她是否可以看一下她之前写过的图书提案。我没有问那位纽约的编辑如何出版一本书，而只是问她是否可以看一下我写的内容。正如前文所言，我与她们并不熟。但我想到弱连接，想到富兰克林效应，想到利他主义，所以我鼓起勇气，寻求帮助。

　　如果你也需要向弱连接寻求帮助，譬如写一封推荐信、提供一些建议或分享一些信息，那么我会说：请更有技巧一点；做足功课，清楚自己想要什么或需要什么；然后鼓起勇气，礼貌询问。有些人或许不会帮你，但比你想象中更多的人愿意帮你。有时，接触新事物的最快途径就是一个电话、一封邮件、一大盒书、一次帮忙、一场 30 岁生日派对、一段邂逅和一个弱连接。

　　我曾经吃过一块幸运饼干，上面写着"有智慧的人自己创造运气"。或许我们 20 多岁时能为自己创造的最好的运气便是向弱连接寻求帮助，并让他们有理由来帮助我们。2013 年，研究人员在一份融合了 250 项研究并涉及超过 175 000 名参与者的元分析中发现，成年人的社交圈会随着年龄的增长而变得越来越窄[12]，与此同时，工作和家庭生活会变得越来越忙和界限分明。所以现在正是时候（尤其是在我们换工作、换室友、搬家或过周末的时候），去遇见一些不同的人，去获得一些新的想法，去参与一些新的讨论，而不是总和同一批人重复着同样的话题——工作如何差劲，好男人如何稀少，云云。

　　请记得，那些我们不怎么了解、不怎么认识的人，往往是对我们人生改变最大、帮助最大的人。而且，助人即助己。不用担心没有人帮你。在我们 20 多岁时，弱连接会是我们最好的资源（不仅现在是，未来也是），只要你有勇气，了解自己想要什么。

3. 未知的已知

当你负起责任时，未知将如影随形。
——哈罗德·杰宁（Harold Geneen），企业家

年少时，寻找自我并非执着所有的可能性，而是以新的可能性，直面对自己而言真正重要的事物。
——爱利克·埃里克森，精神分析学家

伊恩告诉我，他的 20 多岁就像是在一片巨大无边，没有任何标记的大海里。因为看不见任何陆地，所以他也不知道该往哪个方向游。他可以做"任何事"，也可以游向"任何方向"。然而，这让他更加不知所措。不知道"哪个方向"或"哪件事"才是对的，让他动弹不得。25 岁的伊恩感到疲惫和绝望，他觉得自己只有拼命在水中挣扎才能活命。

我听着伊恩的描述，也开始被绝望的海水所淹没。

我尽量如同心理学家们所言，"感受来访者的当下"。但伊恩关于大海的比喻让我感觉真的很难受。当我想象自己和他一样在

大海中拼命挣扎而毫无方向时，我也想不出什么好办法。

"那人们一般是怎么从海里得救的呢？"我问伊恩，不知道他是否会想到什么。

"我不知道，"他看向窗外，"我觉得可以先选一个方向开始游，但每个方向都是一样的，这怎么选？而且，要是你用尽全部的力气却游错了方向怎么办？我感觉最好的情况是等有人开船经过，把我给救了。"说出这句话后，伊恩几乎松了一口气。

* * *

所谓的"我的人生，我做主"，在某种程度上其实有点可怕。因为你会意识到，你不能只是在那里干等，等着别人来救你；事实上没有人会来救你，只有你才能救你自己。

不知道自己想往哪个方向游，或者至少是不知道接下来该做什么，这些想法是一种防御，让你感觉人生没有那么可怕。这是拒绝承认未来并非有着无限可能。这就像是自己蒙住自己的双眼，假装自己对改变现状无能为力。这是不愿接受选择没有所谓的对错，它们只是你做出的各种决定。所谓的不知道做什么决定才好，其潜台词是，你希望能有一种办法让你不必为自己的决定负责就顺利度过一生。

相较于为自己的人生负责，伊恩更想要别人为他的人生负责，把他从海里救出来，再载他一程。这样的情况屡见不鲜。或许，伊恩会搭上他朋友或伴侣的船，沿着他们的方向航行一段，离自己的人生又远了一段。不过，我知道这最后的结局将会怎样。有一天，他或许会到达一个陌生的地方，做着和自己无关的事情，过着不属于自己的生活，而当他突然意识到自己想要什么的时候，却发现一切都为时已晚。

身陷大海的比喻让伊恩感觉没有哪一种生活是他自己想要的；他既没有过去，也没有未来，所以更没有理由去往哪一个方向。但事实是，他既没有反思过去，也没有思考未来，正如他所言，这要怎么选？伊恩不知道，那些敢于做出决定的年轻人，要比那些犹豫不决而在海中拼命挣扎的年轻人过得更幸福。而伊恩之所以不做决定，是因为这样做更容易。

与伊恩在自行车店共事的朋友们也肯定了伊恩不做决定的想法。"我们才不做决定！"他们高呼。他们曾经就此深聊过，并一致同意永远不要安定下来，也不要出卖自己。然而，事实上，他们正安于自行车店的工作，并在出卖自己的未来。我猜，伊恩之所以来到我的心理咨询室，是因为他有意识或无意识地感觉这些说法不太对劲。

当伊恩向父母求助时，他反而听到了更多不对劲的说法。"你是最棒的！"伊恩的妈妈说。"你的未来无可限量！"伊恩的爸爸在旁边加油助威。伊恩父母的心自然是好的，只是他们不知道这样的鼓励起不到任何作用，反而只会带来更多的困惑。

像伊恩一样的年轻人，他们在成长过程中，耳边充斥着各种善意但抽象的鼓励，比如"追寻你的梦想！""要志存高远！"然而，他们往往并不知道如何做到，有时甚至连自己想要什么也不知道。就好像伊恩所言（以一种近乎绝望的语气）："我妈总爱对我及周围的人说，我有多棒，她有多为我骄傲，但我想说'我究竟哪里棒？你究竟为我骄傲什么？'"

对于妈妈的夸耀，伊恩并不买账，他早就感觉她的话过于笼统，说明不了什么。他感觉自己像是被骗了一样，虽然背后的初心是好的。未来并非无可限量，而他也并非最棒的。20 多岁的年轻人通常会说，真希望自己没那么多选择。但是此刻，伊恩的选择没有他想象中的那么多。而且，他等的时间越久，他的选择将会越来越少。

"我想要你下周再来，"我说，"下周我们将从大海里出来。这不是一个正确的比喻，所以我们将它改为'买果酱'。"

＊　　＊　　＊

心理学领域有一项经典的研究，叫果酱实验[1]，由社会心理学家希娜·艾扬格（Sheena Iyengar）所创。艾扬格在斯坦福大学研究人们如何做出选择时，想到当地的杂货铺是研究该问题的最佳场所。于是，她让自己的研究助手乔装为果酱小贩，在一家食品杂货铺前摆摊。其中一个摊位有 6 种口味的果酱：桃子酱、黑樱桃酱、红加仑酱、猕猴桃酱、橘子酱及柠檬酱。而另外一个摊位，有 24 种不同口味的果酱：除去刚才的 6 种，再加上另外 18 种。凡是品尝过果酱的顾客，都可以凭优惠券购买果酱。

这项果酱实验的核心发现在于，人们在做选择时，少即是多。也就是说，我们所面临的选择越少，我们则越有可能做出选择。在果酱实验里，虽然许多顾客都会涌向有 24 种口味果酱的摊位，但他们大多被选择所淹没。只有 3% 的人购买了果酱。相反，那些去到 6 种口味果酱摊位的顾客，反而更容易决定什么口味适合自己。大约有 30% 的人购买了果酱。这意味着人们在面临更少选择时，做出选择的可能性是面临更多选择时的 10 倍。

当伊恩第二周来到我的心理咨询室时，我和他分享了这项实验。我问他，是否也被人生中所谓的太多选择所淹没。

"我的确感觉被淹没了，我感觉我可以做任何事。"他说。

"那我们就具体一点，"我建议，"我们来聊一聊买果酱。"

"我现在是在哪个摊位上？ 6 种口味的，还是 24 种口味的？"他问。

"好问题。"我说，"如果你想在 20 多岁时做出任何决定，我想部分原因必定在于你已经意识到了所谓的 24 种口味并不存在。这是一个迷思。"

"为什么不存在?"他问。

"20 多岁的年轻人，听说自己正面临着无数的机会和选择，感觉自己可以做任何事，或者去任何地方。这样的状态，就像是你描述的困在大海里一样，或像是站在 24 种口味果酱的摊位前。不过，我至今还没有遇到过真正面临着 24 个实际选择的年轻人。其实，每个人都是在从自己现有的 6 种口味里选择最好的一个。"

伊恩茫然地看着我。我继续说道。

"你过去 20 多年的时间并不是白过的，它们塑造了现在的你，

包括你的经历、你的学历、你的兴趣、你的优势和劣势、你喜欢
什么及不喜欢什么。你并不是突然之间就来到这个世界的，或者
如你所说的'这片海洋里'的。你的过去是有意义的。你正站在
6 种口味果酱的摊位前，而且你知道自己是更喜欢猕猴桃酱，还
是黑樱桃酱。"

"我不知道，"伊恩含糊道，"我只想有个出路。"

"你看，"我挑战道，"你不想面对你已经知道的，你一直在
逃避。"

"所以你觉得我已经知道自己应该怎么做了？"

"我觉得你知道一些，那是你所面临的现实，我们从那里
开始。"

"所以这就像是中彩票的问题。"伊恩说。

"什么是中彩票的问题？"我疑惑道。

"你知道的，"伊恩说，"就是问如果有一天你中彩票了，你
想做什么，这样你就会知道自己真正想要做的事情了。"

"这个问题不对，"我反驳道，"这不现实。中彩票的问题或
许可以让你在不考虑金钱和能力的情况下，思考自己做什么。但
事实上，这二者很重要。20 多岁的年轻人需要问问自己，如果
没有中彩票，他们想做什么。有什么事情是他们可以做好，并能
以此谋生的？以及，有什么事情是他们喜欢做，并愿意投入时
间的？"

"我对此毫无概念。"伊恩说。

"那不可能。"

*   *   *

后面几个月，伊恩和我分享了他在学校和工作中的经历。很长一段时间，我只是听，伊恩只是说，而我们一起在听他所说的内容。其间，我时不时会反馈一些我听见或看见的信息。我听说伊恩很小的时候对画画感兴趣。我听说伊恩童年时痴迷于用乐高盖房子。我听说伊恩曾主修建筑学，但中途放弃，转而攻读认知科学专业；因为他对科技和感知感兴趣。我看到伊恩在谈到想做创意性工作时的那种轻松的样子。

最终，伊恩想出了所有可能的选项。他站在了自己的 6 种口味果酱的摊位前，这是接下来他可能做的 6 件事。

"我可以继续在这家自行车店工作，但我总感觉不太舒服。我知道继续这样不对，我老板现在 40 多岁了，我不想像他一样……"

"我可以申请去法学院读书。我爸妈总说，我应该念法学。但我不想参加法学院入学考试，而且我讨厌阅读，讨厌写作，估计法学院会有很多这种事……"

"现在网络上很流行设计，我对设计还挺感兴趣的，还有建筑与科技的交叉领域。我曾在几年前申请过一家公司的数码设计培训生项目。在华盛顿，他们当时招了很多研究生。我想去，但最后没进……"

"我可以去上阿拉伯语课，然后做一些，你知道的，国际关系之类的事，后面或许可以外派。不过，这只是一个想法。我之前报过阿拉伯语的培训课，但后来再也没去过……"

"我可以去柬埔寨找我朋友玩，但我爸妈已经厌倦了我这样做……"

"我可以去圣路易斯找我前女友，她特别爱看《实习医生格蕾》，然后总说我们俩应该继续进修。但我在大学只上过两门自然科学课，而且学得还不好。不管怎样，现在工作的事情没定下来，我觉得自己还没有心思去找她。虽然我这样说，感觉不太好。"

（这样说没什么不好。工作优先于爱情，我从 20 多岁的年轻人那里——尤其是年轻男性那里，曾无数次听到这样的表述。）

*　　*　　*

伊恩的故事，刚好印证了精神分析学家克里斯托弗·博拉斯（Christopher Bollas）所提出的"未知的已知"（the unthought known）[2]。它指的是那些我们本来知道，但不知怎的又在意识中被遗忘的事物。譬如我们曾做过的梦，或我们能感觉到但不敢说出口的真相。我们不敢说出口，或许是因为我们担心别人怎么看，怎么想。甚至在更多时候，我们害怕那些未知的已知将会为自己人生带来真正的影响。我们不愿承认，那些未知的已知可能就是我们接下来所要做的事情。

伊恩假装最难的事情是自己什么也不知道。但是，我想在伊恩内心深处，他知道做出决定的那一刻才是真正的不确定开始的时候。让人更为害怕的不确定是你很想要，但不知如何得到；努力争取，但不知是否会成功。当我们做出决定，这意味着我们可能会经历失败和心碎，痛苦与磨难。所以有时候选择不知道、不决定、不行动，会感觉更容易。

但事实并非如此。

我对伊恩说，"我们第一天见面时，你说你感觉自己就像是在一片大海里，不知道要往哪个方向游，也不知道要做些什么才好。但事实上，你是在逃避内心的想法。你知道自己想做什么，你想做数码设计。"

"我不知道……"伊恩紧张地回答。

接着，那些为了逃避内心想法的托词开始从伊恩嘴巴里蹦出来。

"我已经试过了，很明显，我不知道如何获得一份数码设计的工作……"

"我知道。"我说。

"但如果我开始后，又改变想法了呢？"

"那就去做别的，你不会一辈子只买这一瓶果酱。"

"但如果我不开始，那就永远有可能，我以后还可以尝试。要是我尝试，然后失败了，那这个可能就永远没了。"

"它不会没了。它会成为你的经验。但问题依然是：你是否能以此谋生？你是否会喜欢自己的工作？这些问题，需要你自己去回答。"

"但是我想知道，如果我去尝试的话，是否可以成功。"

"成功自然好，但没人能保证……"我耸了耸肩。

"所以最好还是不做选择，这样感觉安全一点。"伊恩继续说。

"不做选择并不安全，"我反驳道，"这样的后果等你三四十岁时就会知道。"

"我一直在想我爸妈说的话，我应该去做一些更有前途的事，比如法律。或者我应该做一些更有趣的事情，比如去学阿拉伯语。又或者，不管做什么，我都应该早一点开始，现在感觉什么都太晚了。而且，我觉得我做的事应该看上去比别人更好……"

他的声音逐渐消失，安静地坐了一会儿。

"我不知道，"伊恩叹了一口气，"要是，我不想自己的生活成为一瓶果酱呢？"

"为什么不？"我问。

"那太无聊了，跟别人在做的事情相比。"他的语气里带着一丝挫败。

* * *

伊恩的故事，未完待续。

4. Instagram 上的完美人生

> 如果我们只想幸福，那其实易如反掌；但如果我们想比别人更幸福，那将会难于登天。因为我们总感觉别人更幸福。
>
> ——孟德斯鸠，作家、哲学家

> 不要和别人比，只和昨天的自己比。
>
> ——乔丹·彼得森（Jordan Peterson），心理学家

"我想我快要精神崩溃了，"塔莉娅哭了出来。

"怎么了？"这是我们头一次见面。

塔莉娅一边啜泣，一边向我解释。

"大概一年前，我研究生毕业，我读的是五年的本硕项目。过去近 15 年，我都快被自己的完美主义给逼疯了。毕业对我来说，简直是一种彻底的解脱。我真不知道是怎么想的，以为真正的人生就要开始了。毕业后，我决定好好享受生活。但可悲的是，没日没夜的派对，以及想做什么就做什么的自由，最后并没

有如我想象中感觉那么好。"

她在包里摸寻纸巾。

"我一个人住在旧金山，感觉无依无靠。我的大多数朋友分散在全国各地，我之前最好的朋友本来和我住在一起，但后来也抛弃了我。我这几天一直在找工作，也去健身房。我感觉自己快要崩溃了，没办法睡觉，而且一直在哭。我妈妈觉得我需要药物治疗。"

我继续听着。

"这本来是我生命中最美好的时光！"塔莉娅的声音近乎祈求。

"是吗？"我问。

"是。"这次她仿佛有点犹豫。

"以我的经验来看，20多岁会是你生命中最不确定且最困难的时光。"

"为什么没有人告诉过我？！"

"现在我正在告诉你。"我说。

"我感觉自己像是个彻底的失败者，"塔莉娅继续，"在学校，你很容易知道自己要做什么，以及自己做得怎么样。就像是有一个公式一样，你知道自己怎样做才能做到最好。有时候我都会想，我是不是应该再回去读个博士，因为这样听上去更厉害，而且我又可以拿A了。毕业后，我不知道自己要怎样才能拿A。我头一回感觉自己像是个失败者。"

"拿A，对于现在的你来说，到底意味着什么？"我不禁好奇。

"我不知道，这就是问题所在。我不想感觉落后。"

"怎样叫落后？"

"我觉得人生应该是完美的，不管你怎样定义完美。在学校，我觉得我要全科拿 A。毕业后，我感觉我应该有一份完美的工作，或一个完美的伴侣。我觉得我的人生就应该轰轰烈烈，工作就应该让别人羡慕喊出'哇！你好棒！'但我都没做到。什么都没有。"

"当然不会有。"我说。

"但你看看 Facebook！大家的人生都那么完美！"

*　　*　　*

我在撰写本书第一版时，当时这章标题为"Facebook 上的完美人生"。那是在 2010 年，而 Facebook 刚从大学流行到大众不久。史上第一次，世界各地 20 多岁的年轻人开始每天在社交媒体上活跃，对于许多人来说，Facebook 是这一切开始的地方。突然之间，我的心理咨询室里开始有了新的话题："为什么社交媒体让我感觉自己的人生如此糟糕？"

那时，我试图搜寻有关社交媒体影响的研究，但没找到多少。一些零零散散的研究谈到人们使用社交媒体大多是为了关注别人的动态[1]，或人们会花更多的时间看别人发的帖子[2]，而不是自己发帖子，又或者发现人们会根据你的朋友长得好不好看[3]，来判断你好不好看。对于研究人员来说，招募实验对象，收集信息，然后发论文，这些都需要时间。一直到 2012 年这本书出版以后，相关的数据也依然不多。

于是，我根据塔莉娅及其他来访者告诉我的信息完成了本章的撰写。结果，本章成了最先提出"社交媒体负面影响"的出处之一。我是如何知道这些的？在我的心理咨询室里，几乎每一天，我的来访者都在和我分享社交媒体带给他们的负面影响。一旦他们注册了这样那样的账号，类似的对话就开始了。日复一日，他们不停地讲着自己的朋友、熟人或陌生人有了更好的工作、更好的身材、更好的衣服、更好的伴侣、更好的假期、更好的生活或更好的东西；而我也不停地听到，这让他们感觉自己的人生有多么糟糕。

如今，20多岁的年轻人更多的是在玩 Instagram，而不是 Facebook[4]（但 Instagram 也是 Facebook 旗下的产品，看，其实都一样）。当然，Facebook 也还在，它依旧是世界上最大的社交媒体[5]。而且，大多数20多岁年轻人会用不止一个社交媒体，他们每天使用的社交媒体包括[6]：Facebook、Tiktok、Instagram、Snapchat、YouTube、WhatsApp、LinkedIn、Twitter、Reddit、Tumblr，不一而足。随着手机上的 App 越来越多，社交媒体的影响力也变得越来越不容小觑。它们不仅装在世界各地20多岁年轻人的口袋里[7]，而且还钻进了他们的脑袋里。"如果 YouTube 是一个国家[8]，"一份来自伦敦政治经济学院的报告显示，"那它将会是全球第三大国家，拥有十亿多名用户。"

或许社交媒体的平台一直在变，但有关社交媒体的对话从未变过。你可以把 Facebook 替换成 Instagram（就像我替换本章的标题一样），而他们依然讲着自己的朋友、熟人或陌生人有了更好的工作、更好的身材、更好的衣服、更好的伴侣、更好的假期、更好的生活或更好的东西。而且，我依然听到社交媒体如何让20多岁的年轻人感觉自己的人生是多么糟糕。而现在，有关的研究和数据已经在这了。

许多，但并非全部[9]研究表明，20多岁的年轻人在社交媒体上所花的时间越多，或者所用的社交媒体越多[10]，他们面临的问题就越多。他们会更容易感觉焦虑、抑郁[11]和自尊低下[12]，并更容易产生饮食失调的问题[13]以及被错失恐惧症（FOMO）所困扰[14]。总之，研究显示，社交媒体（无论你使用哪一种）会让20多岁的年轻人变得更不开心[15]。这个结论是对是错，只有你自己知道。

* * *

本书第一版里，我写道，社交媒体的使用之所以会让人们变得更不开心，其主要原因在于心理学家们所说的"向上社会比较"（upward social comparisons）。十年之后，这一点得到了研究人员的验证。[16]

向上社会比较，指的是我们将自己与那些有着或看上去有着更好生活的人进行比较的过程。有时，它可以帮助自我评价，甚至还可以激励我们前进。但更多时候，它会损害我们的自信，让我们变得萎靡不振，动力不足。可以理解，当我们看到别人有更好的工作、更好的身材、更好的衣服、更好的伴侣、更好的假期、更好的生活或更好的东西时，我们会更容易对自己或自己所拥有的一切感到失望。当然，这样的感受（以毫秒计算）是一种正常的大脑反应。

可以这样说，使用社交媒体，约等于向上社会比较。我们如今在社交媒体上看到的几乎全是更好的工作、更好的身材、更好的衣服、更好的伴侣、更好的假期、更好的生活或更好的东西。当然，人们若不发这些，那发什么？当我们将这些美丽的照片与自己实际的生活相对比时，就像有人说的，我们是在"拿别人的面子，比自己的里子"。当我们将别人精修过的照片和自己未曾编辑过的生活做对比时，或者将别人公之于众的美好瞬间和自己未曾分享的日常点滴做对比时，我们所做的正是不断地用那些会让自己感觉糟糕的信息（以毫秒计算）轰炸我们的大脑。可之后，我们却需要用更多的时间（远多于毫秒）来安抚自己的情绪。

所以，当你下次准备使用社交媒体时，请记得：没有对比，就没有伤害。不过，有关社交媒体的影响，除去我说的这些，不妨听一听 20 多岁的年轻人是怎么说的：

▶ 毫无疑问，Instagram 对我的自尊造成了严重的打击。别人都有好看的头发、好看的身材、好看的衣服，这叫我如何不羡慕？

▶ 我真心觉得 Instagram 是网络上最虚伪的地方。几乎所有我认识的人（包括我自己）每周都花好几小时刷手机，然后和别人比来比去。最可笑的是，上面几乎每张照片都被严重修过图。虽然我自己不怎么发，但它还是浪费了我好多时间。

▶ 那些社交媒体上的网红，赚得和医生、律师一样多，尤其是这几年。我感觉这会影响那些在传统行业工作的年轻人，这会让他们把自己和那些网红做比较。

▶ 不仅是那些网红，你还会把自己和你认识的人做比较，就像在 Facebook 一样。只是现在全是照片，大家可以随意编辑自己想发的东西。如果有什么不同，我会说，那上面的攀比心和嫉妒心正在呈指数级增长。

▶ 我喜欢摄影，而且我同意照片是非常好的用来捕捉生活中美好瞬间的方式。但当我看到有人会给自己吃的每一顿饭都拍照时，这反而让我感觉有点悲哀。这就好像他们是在为自己的 Instagram 或 Snapchat 而活，而不是为自己而活。

▶ 难怪我们会感觉自己的生活似乎失去了控制，因为我们每天花 3 小时甚至 6 时间看到的都是别人完美控制下的生活。Instagram 的危害要远大于它的好处，尤其是对于 20 多岁的年轻人来说。

▶ 哎，我当然知道那些照片是修过的，但就算这样，我自己连修图也都比不过别人！

▶ 就连我 12 岁的妹妹现在也开始痴迷于发 Instagram。我带她去徒步旅行或泡温泉时，她马上开启拍照模式，反而对我们实际在做的事情一点兴趣也没有。

▶ 小小的手机 App 居然会给人们的生活带来如此大的影响，真是令人悲哀。

▶ 每天，这样的对比和随之而来的不切实际的期望，对我而言都太不健康了。它会让你觉得自己落后于别人，或是做得不够多、不够好，甚至会让你丧失前进的动力。而且还会让你感觉自己运气很差，因为别人总是有更好的机会或者其他什么。

▶ 如果我坐在你的位置上，面对着一名焦虑而迷茫的年轻人，我会对他或她说：要想解决你的问题，首先要从导致它或对它影响最为严重的地方入手——Instagram。

理论上，社交媒体可以减少孤独感，让我们彼此关系更近。这对于20多岁的年轻人而言尤为重要，因为正如塔莉娅所言，这会是我们生命中最无依无靠的日子。然而，尽管理论如此，社交媒体却同样可以把我们的20多岁，变成一场无止境的人气比赛：在这里，"被赞"才是王道；在这里，做到最好才是唯一的选项；在这里，外表比内在更重要；在这里，结婚生子的比赛已经悄然开始；在这里，金钱、衣服和假期才是一切；在这里，我们必须时刻保持完美。无论你常使用哪种社交媒体，以上这些描述，你一定都不会陌生。

过去，"跟上琼斯"（keeping up with the Joneses）曾被用来形容想要和邻居一样好的车或房子的一种攀比心理。现在，"跟上卡戴珊家族"（Keeping Up with the Kardashians）⊖（这是个非常好的节目名）则不仅是指你要跟上每一期节目，而且要跟上她们独

⊖ "Keep Up with the Kardashians"是一档美国真人秀节目，其中文译名为《与卡戴珊一家同行》。——译者注

特的生活方式。几十年前，我们只能从白色的栅栏边一窥邻居的生活。但现在，我们坐在地铁上或躺在床上，就能通过社交媒体一窥别人的生活。彼此那么近，却又那么远。社交媒体上动态的不断更新，意味着我们不仅要跟上自己的朋友和邻居，而且还要跟上无数的陌生人。因为他们在不断地提醒我们，人生可以有多完美或至少可以有多不同。

最近，一位 26 岁的来访者对我说："我所有的朋友都开始生孩子了，我感觉自己又落后了。"从统计数据来看，这似乎不太可能。于是我问：是之前我们谈到过的哪位朋友现在都有孩子了？"啊，不是那些朋友，"她说，"是我在社交媒体上关注的那900 多个人。"还有一位来访者说："我本来感觉自己的职业生涯进展得还不错，直到我去社交媒体上看了看别人在做什么。"没有对比，就没有伤害。确实如此。

5. 追求荣耀

完美，是卓越的敌人。

——伏尔泰，作家、哲学家

幸福的真谛，在于思想与行动的统一。

——圣雄甘地，作家、哲学家

"社交媒体快把我逼疯了，"塔莉娅说道（这不是她第一次这样说），"我感觉自己很差劲，因为我没有和其他人一样去帮助孤儿。"后面这句话我倒没听过。

"你想帮助孤儿吗？"我问。

"我想发展我的潜能。"

"帮助孤儿和发展你的潜能之间有什么关系呢？你是想成为一名人道主义者，还是之前有过相关的经验？"

"都不是，"塔莉娅说，"但我感觉我应该去帮助孤儿。"

每个人内心都有着发展自己潜能的强烈渴望，就像一枚橡果想长成一棵橡树。但不是每个人都是橡果，也不是每个人都要长成橡树，所以我们究竟要长成什么样，而发展自己的潜能究竟意味着什么，是我们必将面对的问题。有些年轻人的梦想太小，而没有意识到 20 多岁时的选择至关重要——事实上，它们会塑造我们的未来。但有些年轻人的梦想太大，他们更多地被网上的励志故事所鼓舞，没有考虑自己的现实情况。实际上，所谓的发展潜能，部分在于意识到自己的潜能究竟在哪里，以及如何去突破周遭世界对自己的限制。

当我们更多地关注理想而非现实时，所谓的发展潜能就成了精神分析学家及理论家卡伦·霍妮所说的"追求荣耀"（Search for glory）⊖。或许，我们因为文化压力而执着于成为一名医生，但未曾考虑那究竟意味着什么。或者我们的父母会更多地告诉我们应该怎样，但未曾考虑我们实际上是怎样的。或者对比 Instagram 上的一切，我们感觉自己的生活或者自己的身材、衣服应该变得更好一点。当我们追逐着所谓的理想状况时，我们将离现实世界及现实中的自己越来越远。

有时，我的来访者并不清楚自己究竟是在发展潜能，还是在"追求荣耀"。不过，后者很容易就能让人察觉。所有的"追求荣耀"都是由霍妮所说的"'应该'的暴政"（tyranny of the should）⊜驱动的。仔细聆听塔莉娅的描述，你很难不去留意那些"应该"：她"应该"去帮助孤儿；她"应该"去读博士；她的人生"应该"

⊖　"Search for glory"（追求荣耀）是卡伦·霍妮在《神经症与人的成长》中提出的概念，大意是指神经症患者追求完美、追求超越别人，有竞争的野心。

⊜　"tyranny of the should"（"应该"的暴政）大意是指神经症患者听从内心的指令，以"应该"为主导来追求完美。

让别人羡慕。

"应该"有时会披着"高标准"或"高目标"的外衣，但它们实际上并非一回事。目标来源于内在的向往，而"应该"来源于外在的评判。目标是我们自己真正的渴望，而"应该"是别人强加给自己的标准。"应该"让我们错误地认为，自己要么实现理想，要么就是个失败者。这样简单而粗暴的二分法，甚至会让我们与自己的最大利益背离。

与大家的普遍认识不太一样的是，所谓的发展潜能，其实通常不是我们20多岁时需要考虑的事情，而是我们30多岁、40多岁或50多岁时应该考虑的事情。刚迈入社会，意味着我们也许会做一些看上去不那么好、不那么光鲜的事情，比如开面包车给学生送去食物，或者给别人打杂。最近，一位在交易台工作的20多岁的来访者对我说："这个时期就是需要吃苦的，对吧？"还有一位在新闻行业工作的来访者问我："我想，我至少要等到30岁之后，才不用给老板泡咖啡，对吧？"

对。

我和塔莉娅一起聊了些更现实的话题：年轻人的失业率将近10%；长期失业有着很大的危害；大学毕业生起薪的中位数大约为45 000美元，而学生贷款（尤其是像塔莉娅一样的研究生）的中位数也将近45 000美元[1]；只有大约一半毕业生找到的工作[2]要求本科学历；塔莉娅在现实中的朋友们，在现实中过着怎样的生活。从塔莉娅的实际情况——硕士学位及学生贷款来看，她需要一份工作，不管别人是否羡慕。而且对这一点她也十分清楚。并且，她需要找到别的方式来让自己感觉良好。因为不幸但又幸运的是，拿 A 的日子已经一去不复返了。

不过，塔莉娅付出过的努力不会白白流走。很快，她找到了一份市场分析员的工作。这份工作并不容易，但她把它当作一种磨炼，来激发自己真正的潜能。在学校里，塔莉娅很擅长遵循指令。但工作之后，她变得更加独立自主。她处理人际关系的能力也在无数的会议和电话沟通中得到了提升。她发现自己在协调团队工作和统筹项目上很有天赋。虽然经过一整天的辛苦工作，回到家，躺在沙发上吃瘦身餐，并非塔莉娅原本期望的 20 多岁的生活，但她的确感觉自己比以前更开心，也更成功。

她这样和我说：

> 曾经有一段时间，我会因为自己没有拿到富布莱特奖学金或没有去读博士，而担心自己是不是没有做到最好，或没有发挥自己的潜能，即使我知道做到这些并不会真的让我开心。我知道它们不是我真正想做的事情，但我感觉好像我正在做的事情依然不够好，因为我看见过更好的。我知道我不能再因为这不好那不好而一直焦虑下去了。人生本来就是不完美的。
>
> 我不再去想自己所做的事情是不是最好的，或者我要怎么更进一步。我只是专注于眼前的事情。如果他们愿意让我做，那么我就愿意尝试。我想，让我真正在公司里一步步前进的，是我开始承认自己的平凡，而不觉得自己要

比周围的人更优秀，同时专注于学习和交付成果。

　　你可以说我变得更谦虚了。我觉得，完美来自对自身现有才能的投资，以及做好眼前的事。如今我已经开始了自己的职业生涯，虽然我以前从未想过这个方向。而且，我变得更有勇气和自信，也更懂得坚持和利用自己的天赋。现在回看我的 20 多岁时的经历，我觉得就像从梦里被突然叫醒，虽然粗鲁，但是值得。我甚至很感激这一切让我经历了内在的蜕变。

塔莉娅的这段"追求荣耀"的经历，或许本可以在学校或工作里画一个句号。但差不多两年后，"'应该'的暴政"³ 再次出现在我们的对话中。工作日下班后，她会坐在家里，翻着以前派对上或度假时的照片，怀念过去的美好时光。她向朋友们道歉，因为她不像以前那样经常出去和大家一起玩，虽然她愈加厌烦周末和一群喝醉的人说话。一天下午，她哭着走进我的心理咨询室，就像我们第一次见面时那样。

　　"我现在难道不应该去法国旅行三年或者做点诸如此类的事吗？"她的语气里带着一半疑惑和一半愤怒。

　　"可以去……"我拖长了语调，试图理解是什么让她开启了这个话题，"也可以不去。"

　　看着她精致的衬衫和小巧的手袋，我并不觉得塔莉娅会享受三年的旅行。而且旅行的花费她要如何承担？

　　"去法国旅行三年是你一直想做的事吗？"我问。

"不，"她啜泣着说，"但我难道不应该像《美食，祈祷，恋爱》里写的一样，去寻找自我吗？"

这句话倒不陌生。我同往常一样回应："你知道的，伊丽莎白·吉尔伯特是一名作家。在她根据自己离婚后的旅行写出这本书之前，她已经从事写作多年。这不仅是她寻找自我的经历，也是她分内的工作。等有人付你几十万美元，让你周游世界时，我们再谈这个吧。"

"对，"她破涕为笑，"那是在书里，我都忘了。"

"你为什么会说起这个呢？你想去法国旅行？"

"不，事实是……我只是想回家。"塔莉娅哽咽。

"噢，那我们可以聊聊这个。"

当我问"只"字的含义时，塔莉娅说，她感觉回家就像"当了逃兵"或是"选了一条更轻松的路"。她认识的朋友都不能理解为什么她想离开旧金山湾区，回到田纳西州。她的父亲年轻时就是通过旅行找到自己的人生目标的，所以认为现在正是她外出"冒险"的最佳时机。每当塔莉娅暗示自己想搬回家住时，她的父亲都会说："你为什么会这么想？"

她的父亲早年曾背井离乡，最后选择在离家几万里的纳什维尔（田纳西州首府）安顿下来，所以塔莉娅从小就没有见过自己的爷爷奶奶。每当假期来临时，她的朋友们会在院子里为自己的奶奶表演才艺，然后领零花钱，那时，塔莉娅和妹妹们就会安静地待在家里。"其实会有一点难过，"她说，"我希望我的孩子未来能和自己的爷爷奶奶在一起生活。"

　　这次我们所谈的内容不再是失业率和新工作岗位，而是塔莉娅内心真正的向往。我告诉她，成年人的生活不是建立在美食、祈祷和恋爱上，而是建立在人物、地点和事情上：我们和谁在一起，我们住在哪里，我们靠什么谋生，这些才是构成我们生活的元素，也是我们生活的起点。

　　塔莉娅正处于职业的上升期，她对于自己想要安定的地方也有了清晰的想法。这是一个非常好的势头。许多年轻人 20 多岁时渴望能有一个家，或不知道自己 10 年之后将身处何方，此时，选择一个安身之处将非常有帮助。无论是离家人近一点，还是在自己喜欢的城市生活，拥有一个安定的住所，对于 20 多岁的年轻人而言，其重要性不言而喻。

　　"我有一些朋友是当地人，"塔莉娅羡慕地说，"只要他们愿意，随时都可以开车回家，和家人一起吃饭。我很想念我的妹妹们。我希望我也可以这样。这真的太幸福了。"

　　"你的妹妹们为什么没有离开纳什维尔？"

　　"噢，她们是双胞胎，而且她们当时还小。其实她们现在已经大学毕业了。她们可不在乎别人怎么想。"

　　"所以她们倒成了真正的'逃兵'，选择待在家里。"

　　"是啊，是不是很讽刺？"塔莉娅苦笑着，然后身体前倾，像是分享秘密一样，向我低声说道，"有一天，坐公交车的时候，我心想：或许我已经做到了。或许这就是我最大的冒险。或许就是这么回事。"

　　"不觉得很吓人吗？"我问道，很明显会错了意，"如果这就是你最大的冒险。"

在一声重重的叹气之后，她几乎叫了出来，"不！那会是一种解脱！那意味着我可以回家了！"

眼泪从塔莉娅的脸上簌簌落下。我静静地坐了一会儿，看着眼前的她——这是一位年轻有为的职场女性，已经闯荡了一阵子，并积累了不少身份资本，但现在竟认为自己没资格回家。

塔莉娅的朋友们也不能理解她内心的真实想法。在他们看来，探索好过于安定，朋友好过于家人，冒险好过于回家。但我实在想不通为什么塔莉娅不能回家。于是，我问塔莉娅这个想法是从哪里来的。

"我爸爸，还有这里的朋友们。"

"难道你的朋友们不想有个'家'吗？"

"想。但他们会说，谈这个问题太早。"

"太早了？"我问。

"他们会说'噢，你真可爱'。对他们来说，安定就是妥协。但我去过他们的公寓，比如我邻居那儿。我看她只是坐在那儿，挑剔每一个约会过的男友。她连自己要做什么工作都还没想清楚。她还在犹豫要不要考 GRE！我所看到的……是一堆乱七八糟的家具！而她已经 30 多岁了！我知道这样说不好，但我感觉……她根本就不开心……而且我觉得……我以后不能像她这样。"

"你希望自己 30 多岁时的生活是什么样的？"

"我想回纳什维尔，做市场营销，比如做品牌经理。如果可以的话，还想遇到自己心爱的人，然后有一个家。不管怎样，我都想回纳什维尔。"

"那你还在这儿做什么？"我问。

"所有人都说我应该在外面闯荡。但我已经闯荡过了！我现在只想回家！"塔莉娅恳求道。

"所以你是迫于外在压力才留在这里？"

塔莉娅开始琢磨，这时回纳什维尔到底是在选择一条更轻松的路，还在选择一条更艰难的路。"这里生活成本这么高，我为什么要留在这儿？我明明想在纳什维尔结婚，我为什么还在这儿找男朋友？"她问。

"好问题。"我回。

塔莉娅开始在网上寻找在纳什维尔的工作。她告诉我，本来有一家市场营销公司正在招人，但她错过了。"本来是个很好的机会，"她说，"只可惜他们关闭了申请。"

"不管怎样，都去联系一下，"我说，"他们之所以关闭了申请，可能是因为有了足够多的简历，但那里面不一定有他们想要的人。而且，你看看自己是否有熟人，或许认识这家公司的人。"

几天后，塔莉娅打电话取消了我们的心理咨询。她说自己正在去往纳什维尔面试的路上。一周之后，她走进我的心理咨询室，说："我有一个好消息。"

现在，塔莉娅正享受在这儿的最后几周。她甚至有点怀念自己的大学和毕业后的时光。后来，她和她30多岁的邻居分享了自己要去纳什维尔工作的事，结果那位邻居尖酸地回应道，她没多久就会结婚生子，如何如何，然后"砰"的一声，就把门关了。然而，一阵抽泣声却从门后传来。

塔莉娅踮着脚，回到了公寓。她已经准备好迎接自己新的人生。

6. 定制化的人生[1]

接受生命的纷杂与无序，是成年人对自由的体验。不过，这些纷杂和无序，仍然需要找地方安放，最好是一个它们可以成长的地方。

——理查德·桑内特（Richard Sennett），社会学家

如何清楚地描述自己的人生、生存于当下的世界和未来的可能性，是我们每个人的必修课。

——大卫·怀特（David Whyte），诗人

还记得伊恩吗？我和他的心理咨询进展得并不顺利。就像许多被"我可以做任何事"困扰的年轻人一样，伊恩在面临未来选择时感到为难。一方面，这样的想法会让人迷失方向，或是被太多的选择淹没；另一方面，它也蕴含着某种令人向往的"自由"。"我可以做任何事"，听上去充满无限可能，且让人兴奋不已；对比之下，一份数码设计的工作听上去单调且无聊。每当我们谈到找工作这件事时，伊恩都会表示抗拒。他不想"和其他人一样每

天朝九晚五，只是在办公室里工作"。

伊恩在悄悄地"追求荣耀"。只是，他忍受的不是"'应该'的暴政"，而是"不应该的暴政"。不同于塔莉娅，伊恩的人生不在于拿 A，或是发挥自己的潜能。追随主流，不是伊恩的风格。伊恩想要的是与众不同。如果伊恩想工作的话，他不会去做那些大家都在做的事。他会期望自己的人生独一无二。实际上，这样的想法不是伊恩一人所独有的，这也是许多年轻人的心声，而这群人有一项共同的特征——不想走别人的老路[2]。

在某种程度上，我并不反对。

独特性，是构成我们自我身份的基本要素。[3] 自我感的强化，来自自我和他人的界限感。我之所以是我，是因为我不同于周围其他人。我的生命之所以有意义，是因为我的生命和其他人的生命不会完全相同。正是因为这些不同，才让我们的生命成了一场独一无二的冒险。

但是，若要表现得与众不同其实很简单。就像若要解释什么是黑，最简单的方式便是说出它的反面——白。通常我们对于"我是谁"这个问题的回答，并非始于"我是谁"而始于"我不是谁"。我们不是这个，也不是那个，就像伊恩很快就会说，他不是朝九晚五上班的那种人。然而，回答不能就此停止。我们的身份或职业，无法建立在"我们不想要什么"上面。我们必须从负向描述即"我不是谁"，转变为正向描述即"我是谁"。然而，这需要勇气。

真正的独一无二，是敢于直面自己并选择一条属于自己的路。伊恩现在所需要的，是从"他不想做什么"的负向描述，转变为"他想做什么"的正向描述。

"我理解你不想走别人的老路，"我说，"那你想走的路是什么样的？"

对于伊恩来说，选择一条路，开始自己的职业生涯，就等于追随主流，就等于走别人的老路，就等于扼杀自己无限的可能。但事实与此相反。如果伊恩一直不迈出第一步，那么他的人生将会失去所有的趣味与可能。

*　　*　　*

我在为伊恩做心理咨询的时候，有时会想起一位 31 岁的来访者。她告诉我，她 20 多岁时"想做什么就做什么"。作为象征，她每一次换工作，头发的颜色也会跟着换：在水疗中心做前台工作时，头发是亮紫色的；做临时工时，头发是浅金色的；在酒吧做服务员时，头发是深红色的；在幼儿园工作时，头发又成了深棕色的。她倾向于同一份工作不要做太久（因为她觉得这样会很无聊），而在和一位小学教师订婚之后，她偷偷告诉我，她打算辞职，而且以后也不打算继续工作了。"我受不了我的老板，"她说，"而且不久以后，我会有孩子，我需要考虑一些别的事。"当我问及她的未婚夫对于自己即将成为家里唯一的经济支柱这件事怎样看时，她不安地耸了耸肩。（她并没有问过她的未婚夫。）

而这又让我想起一位 39 岁的来访者。她曾对我说："到了我这个年纪，如果我必须在外赚钱养家，并把孩子交给别人照顾的话，那我希望自己的工作不仅赚得多，而且有趣。然而，这样的工作，真的找不到。我20多岁时没怎么考虑自己的职业生涯，所以也没下苦功夫。到了30多岁，我有了孩子，花销变大，所以不得不工作。你可能都不相信，有些工作我甚至都应聘不上。面试的时候，面试官看我的表情，就好像在说：'怎样你到了这个年纪还没做出点什么？'"

我还想起一位44岁的来访者。作为新晋爸爸，他告诉我："你知道，如果20多岁时我能遇到一位不错的心理咨询师，那么我很可能在35岁之前就开始自己的职业生涯了，而且会在40岁之前组建家庭。如果你20年后还在做心理咨询，我会把我儿子送到你这儿来。"当我问他，他想对自己的儿子说些什么时，他回应道："你没办法在30多岁时像变戏法一样变出一份好工作来，所以20多岁时就得开始积累。"

我将来访者的这些话牢记于心。后面几个月，我和伊恩的互动有点像拔河。

我会说："你必须选一条路。"

而伊恩会说："但选了一条路，就像是放弃了其他所有的路。"

或者他会说："我不想向那些一般的工作妥协。"

然后我会说："我说的不是妥协，而是开始。那些在自己20多岁时没有开始的年轻人，等到了三四十岁，发现自己的简历乏善可陈，与生活脱节时，他们面临的将会是更大的妥协。这样还怎么与众不同？"

交谈之后，伊恩会斜眼看着我，然后卷起裤腿，朝心理咨询室门口停着的自行车走去。

我们需要更有效的沟通。大海的比喻对我不管用，而果酱的比喻也对他不管用。我们需要更有效的比喻——一个彼此都认可的比喻。在几次拔河式的对话之后，有一天，伊恩急匆匆地来到心理咨询室。和往常不同，他这次没有骑自行车。他和我抱怨他的自行车缺了一个零件，正等着邮寄送来，所以他下了公交车就火急火燎地往这边赶。为了缓和关系，我和伊恩闲聊了几句。我问他，他为什么不能在工作的自行车店拿到那个零件。正是这个时候，他告诉我，他骑的是一辆定制款自行车，而那个零件需要单独订购。

这引起了我的好奇。我知道自行车是伊恩的主要交通工具，但我也知道，他不是一名公路车手或山地车手。我问他，他为什么会骑一辆定制款自行车。他解释道，本来并不需要，但他感觉一款定制化的自行车，能更好地反映他想向这个世界传递的信息。

就这样，我们有了一个新的比喻。

*　　*　　*

我问伊恩，和那些到处都可以买到，甚至可能更容易修理的自行车相比，这辆定制款自行车到底反映了他想传递的什么信息。伊恩说，他想成为独一无二的存在，就像这辆定制款自行车一样，它由不同的部分组成，无法用某个标签加以定义。伊恩的这个想法反映的其实正是他对人生的期望。他期望自己的人生与众不同，不同凡响。但他在自行车店工作的事实，已经说明了他的人生并不如他期望的那样与众不同，不同凡响。伊恩的想法是好的；只是他发现，组装自行车要比"组装"人生更简单。

在如今的商业及文化环境里，我们已经从大规模生产（mass production），迈向了大规模定制（mass customization）[4]。过去，我们会以最低的成本，生产出大量同质化的商品，以谋求最大的利益。但现在，我们更偏好于定制化的产品和服务，来满足自己的需求和偏好。个人电脑，便是最好的例子。手机也是：不同的App定制的手机壳让每一台手机都变得真正的独一无二。不仅如此，现在还有定制化手袋、定制化T恤、定制化帽子、定制化墙纸、定制化推送……定制化一切。为什么会出现这样的情况？"因为，"正如一则广告所言[5]，"谁不想拥有完全属于自己且真正代表自己的商品呢？"所以我们不再满足于购买某种适合所有人的商品，而是想购买这个商品代表的自己。现在，许多公司及营销人员已经进入"创新生活"这一领域[6]。许多像伊恩一样的年轻人渴望这种生活却不知如何实现。"做自己！"[7]商家如是说。

实际上，伊恩需要将自己组装自行车的经验应用在"组装"自己的人生上。我问伊恩，他的定制款自行车是如何组装出来的。他告诉我，首先，他会根据自己的身高和体重来决定车身和车轮的尺寸。然后，根据自己的骑行需求，对某些部分提出自己的偏好和要求。接着，他会收到一辆量身打造的"初始"自行车。

他会逐步为这辆自行车增加别的零件并做出调整。于是这辆自行车变得越来越好用，也越来越独特。虽然这个过程不仅花钱，而且花时间，但伊恩乐在其中。而这辆自行车也向世界传递了一则非常重要的信息：这是属于他的杰作。

"所以定制款自行车很适合你。"我说。

"对。"

"因为它独一无二。"我说。

"对。"

"而且它属于你，甚至在某种程度上，它具有无限可能，因为你可以一直改变它。"

"对，没错。"

"而且你感觉很自豪，因为这是你亲手组装的。"我继续说。

"对。"

"但你一开始也需要一些标准零件，"我指出，"比如车轮，你没有重新发明车轮，对吗？"

"对，"他微笑着说，"我没有。"

我告诉伊恩，或许真正独一无二的人生就是如此。21世纪的今天，职业也好，生活也好，都不是从流水线上直接生成的。我们必须亲自将不同的部分组装在一起。伊恩的人生，可以与众不同，也可以充满无限可能，但这需要努力，也需要时间；而且，他需要从一些标准的零件开始组装。真正与众不同的人生，基于做出这些选择而非拒绝这些选择。就像自行车一样。

伊恩可以想象自己通过一份份工作或身份资本，来"组装"

自己的人生。这个方式感觉没那么追随主流，也不会那么让人害
怕——仿佛选了一条路，一辈子就只能走这条路。

"所以你想从哪里开始？"我问。

"你是说工作吗？"他问。

"对，你需要工作，你的人生需要工作。"

"我感觉我面前有好多零件。"

"嗯，我理解，"我说，"那你想从哪个零件先开始？"

"我不知道。"伊恩叹气。

"你不知道？"我问，"那数码设计呢？"

"其实，我最近申请过一些和数码设计相关的岗位"，伊恩羞
怯地说，"但我连面试的机会都没有。我以为，只要决定做什么
之后，一切都会一帆风顺。其实在办公室里工作也没那么不好，
尤其是现在我发现自己连这样的工作都找不到。"

我没有说话，伊恩继续思索。

"我还是在想那家华盛顿的公司，"他最后说，"你知道，我
们之前聊过的那家，我申请过他们的培训生项目。但很明显，我
不够格。"

"似乎也没那么明显。和我说一说你的申请。"我追问。

*　　*　　*

我之所以追问伊恩的申请，是因为我知道为什么有的年轻人
在申请某个岗位或争取某个名额时会被选中。我曾经参与过许多

次招生和招聘。我也曾经翻阅过无数份申请。你会发现那些冷冰冰的数字将会渐渐淡出视线，而那些构思精巧的申请论文或求职信却赫然映入眼帘。我也曾经看过某位申请者顺利进入研究院，而其他申请者均败北而归。其背后的原因仅仅在于那15分钟的面试带给主面试官的印象。

从中我所学到了一点：一个好故事，胜过千言万语。尤其是对于20多岁的年轻人而言，大学刚毕业，经验尚待积累，他们的人生更多的是未来的可能，而不是过去的成就。所以，除去这些，他们为数不多能再下点功夫的地方便是讲故事的方式。那些能够讲清楚他们是谁，以及他们认为自己想要什么的年轻人，会比那些逻辑不通、言辞含糊的同龄人，在这样的竞争中更具优势。

想一想，那些招聘经理或招生官每天要看多少份申请。无数的简历上写着一条又一条身份资本信息，如生物学专业、GPA 3.9、田纳西大学、皮德蒙特社区学院、GMAT 720、篮球队、GPA 2.9、校园导游、辅修法语、艺术史专业、华盛顿大学、年度优秀学生、GRE 650。在这些繁杂的细节里，真正的主角需要登场，一个好的故事需要浮现。若不然，它们将只是一项项数据，而数据并不吸引人。

但什么是好故事？

如果职业生涯的第一步，是清楚自己的兴趣和天赋，那么第二步则是讲清楚为什么这是自己的兴趣和天赋。这离不开一个好故事，一个我们可以在面试和约会时与别人分享的故事。如果你是一名心理咨询师或面试官，就会发现，一个兼具复杂性和连贯性的故事，会更容易理解和诊断。如果对方的故事听上去太简单，你会感觉其经验不足或阅历不够，但如果听上去太过复杂，你又会感觉一片混乱，不知所云，这可不是雇主想要的。

我问伊恩，他上次申请培训生项目时是如何描述他自己的。他说，他写到自己高中时曾经通宵编辑学校校刊的版面和设计。他认为自己的申请论文"很后现代，而且构思精巧"，但很难解释清楚它到底是如何"后现代和构思精巧"的。我建议他再试一次，但这次要把故事讲清楚，而且要有清晰的故事逻辑线。伊恩不同意，他不想把申请论文变得和简历一样单调无聊。这便是问题所在：虽然学校和公司欣赏独创性和创造性，但他们更欣赏沟通能力和逻辑思维能力。

无论你是申请学校还是应聘职位，在一定程度上，都是在进入某种游戏。游戏的规则在于，你需要清晰地阐述你的过去、现在和未来。你之前的经历和你现在想做的事情有什么关系？而你现在想做的事情又将如何帮你实现未来的目标？许多面试官明白，大多数申请者实际上并不知道他们未来要做什么。即使那些认为自己知道的，通常也会改变想法。

正如一位人力资源主管所言："我并不期望面试者说在这里一直工作是他们的梦想。对此，我会翻白眼。没有人知道他们未来五年将在哪里。但面试者还是需要向我展示出他们在这里工作的合理性，而不只是单纯想要一份收入，或者是因为工作地离自己家近。"这位经理说道，你不必一条路走到黑，但每条路都必须走得明白。

"伊恩，你需要再试一次，"我说，"你不想自己的故事听上去单调无聊，但我却感觉其含糊不清，不知所云。你不想对任何事情做出承诺，但这会让你的故事更加缺少逻辑和连贯性。你如果以这样的故事去面试，成功的可能性几乎为零。"

"但我不想限制自己。"伊恩表示。

"限制什么？你的故事不是合同，它只是介绍，你不用为它签生死状。"

伊恩虽然不情愿，但还是重新梳理了一遍自己的经历。这次，他从小时候画画的兴趣开始讲起，然后谈到自己在建筑学及认知科学课上的相关经历，最后涉及一点点在自行车店的工作情况。在这篇新的申请论文的开头，伊恩回忆起自己小时候经常带着一个小便签本到处跑，因为他喜欢给自己的父母和兄弟姐妹画抽象画；他的家人都管他叫"乐高先生"。

同样的身份资本，不同的个人故事。这次，伊恩得到了华盛顿的工作。几年之后，他面临着新的人生转折点，于是他给我写了这样一封信：

> 当时，在决定来华盛顿时，我担心自己这样会不会放弃了其他所有可能。但实际上，在做出决定的那一刻，我倒感觉解脱了。而且最后，这份工作为我带来了更多的可能。现在，我非常确定自己的职业生涯会出现更多的变化和迭代，或者说我至少有这样的时间，而且我也非常确定自己有能力做更多其他的事情。

　　长久以来，这份工作对我来说都是一种解脱：我感觉自己可以这样生活下去，而不用担心选择任何方向。我还记得自己毕业后那几年，因为担心选择方向而完全无法做出行动！现在，我正处于自己人生的又一个转折点：我已经不想干现在这份工作了！虽然再去想清楚下一步会花一些工夫，但我现在感觉容易多了。因为经验告诉我，我必须行动起来，而不是没完没了地辩论。

　　有时，做出选择就像是以一种无聊的方式来规划人生。有时，选择看上去适合自己的人生方向，或按照自己的兴趣规划自己的人生（仅仅是因为这样做符合常理）似乎有点无聊。我现在想选择一个不一样的方向。学阿拉伯语！去柬埔寨！我知道，这些想法听上去有点疯狂。但我也知道，若要过好自己的人生，我需要的不仅是疯狂和有趣，还有现实和理性。

　　最重要的是，我不想自己一辈子碌碌无为。我想，你或许会说，我终于体会到了生活的真谛。是的，我终于明白了为什么大家都是这样生活的（至少一开始都是这样），因为这就是社会运转的方式。

伊恩说得没错。这就是社会运转的方式。这也是大家一开始的方式。踏入社会，得到一份工作或开启一段职业生涯，并不是结束，而是开始。未来还有许多事情需要我们去了解，去做。

爱　情

THE DEFINING DECADE

7. 台面上的话题

如今的社会，让我们更多地去关注那些实际上对于我们幸福影响甚微的事情，而不去关注那些真正决定我们幸福的事情，比如和谁结婚。这是最重要的决定。然而，学校并不教你这些。
——大卫·布鲁克斯（David Brooks），政治及文化
评论家

爱，终将战胜一切。即使科技也无法改变。
——海伦·费希尔（Helen Fisher），生物人类学家、
金赛研究所资深研究员、Match.com 首席科学顾问

2009 年，《纽约时报》专栏作家大卫·布鲁克斯在一篇文章里写道[1]，自己受邀在大学毕业典礼上演讲，然而，他在准备演讲稿时，却遇到了表达障碍。他感觉自己真正想表达的内容——幸福，更多地取决于你和谁结婚，而不是你毕业于哪所大学——却无法在毕业生面前表达。他说，大学里会有数不尽的课程，教

你理解各种符号和现象，然而没有一门课教你理解婚姻。而这，正是"许多社会问题出现的主要原因"。布鲁克斯观察到，关于婚姻，我们必须得在"台面下"去聊，在脱口秀里聊，在真人秀里聊，而没办法拿到"台面上"去聊。

我不知道布鲁克斯在演讲时是否真的这样说过，但我可以想象，他若真的这样说，大家将做何反应。数百名身着毕业礼服的学生们站在那面面相觑，心里嘀咕——婚姻和我究竟有什么关系？

或许在那时，的确没什么关系。

*   *   *

2019 年，即布鲁克斯的文章发表的十年之后，美国的结婚率跌至新低[2]。相较而言，自 1897 年政府记录以来，结婚率在 20 世纪中叶达到最高。那时，在 20 多岁的年轻人中大约有 60% 迈入了婚姻的殿堂。就结婚年龄而言，女性平均的结婚年龄是在 20 岁，而男性则是 22 岁。

如今，我们正迈向 21 世纪中叶，选择结婚的人已越来越少，而那些想结婚的人也越来越晚迈入婚姻的殿堂。就结婚年龄而言，如今女性的平均结婚年龄是 28 岁[3]，男性是 30 岁。其中，只有大约 20% 的年轻人处于已婚状态[4]。若从结婚年龄来看，30 岁对于现在的年轻人来说，的确是新的 20 岁。

并且，现在的年轻人和以往任何时期的年轻人相比，单身时间更长。这个巨大变化让许多专家和家长不禁担心婚姻已经死亡，约会已经过时，随意性关系则成了新的常态[5]。不过，延迟或逃避婚姻的原因很复杂。主流宗教信仰的减弱；学生贷款的增加；中等收入者所面临的经济不确定性；社会对于不同伴侣关系的包容[6]；人们在结婚前选择同居[7]，或以同居代替结婚；年轻人的失业及就业不足问题，如此种种，许多与财务有关的原因，让大部分20多岁的年轻人感觉自己没准备好说"我愿意"。

婚姻，曾经作为成人的象征或者至少是迈向成人的里程碑，现在却更像是终点站[8]。对于许多人来说，结婚代表着其他一切已然就位，自己已经准备安顿下来。而那些最有可能安顿下来的年轻人，是上过大学并有稳定工作的一群人[9]。他们收入的中位数和那些尚未安顿下来的人相比，是后者的四倍。不过，他们可能一开始的收入就更高；而在结婚之后，因为和伴侣分摊费用、合并收入以及置办房屋，便出现了常见的"富者愈富"的情况。这让许多人不禁好奇，婚姻是否成了一种奢侈品[10]？

不过，话虽如此，美国仍是西方世界里结婚率最高的国家[11]。在美国，四分之三的年轻人想结婚，而且最后也会结婚（大部分是在35岁之前）。所以，尽管结婚这个话题听上去似乎和20多岁的年轻人没什么关系，但大多数年轻人（无论性别）、性取向、政治立场、政治党派，在未来十年都会和彼时的伴侣结婚、同居或交往。

这意味着，如果从我们找到自己的伴侣的时间这个角度理解

"30 岁是新的 20 岁"，那么 20 多岁正是我们为大卫·布鲁克斯所说的"最重要的决定"做准备的最佳时机。婚姻似乎已经过时，但现在好像连谈论它也显得不合时宜。对许多 20 多岁年轻人而言，谈论婚姻会显得过于传统，或异性恋霸权。不过，婚姻不再只是异性恋群体的专属，而且人们结合的方式也不止一种。所以，爱情正是我们需要去思考、去谈论的话题。这也是本章及后面几章将关注的焦点——当代 20 多岁的年轻人和学术研究是怎么看、怎么想、怎么说爱情的。

*　　*　　*

在流行文化里，20 多岁的年轻人常常会被描绘成"痴迷于逃避承诺"[12] 的形象。但在私下里，我所听到的却完全不是那么回事。我至今还没有遇到过不想对感情做出任何承诺的年轻人，无论是现在做出承诺，还是未来做出承诺。婚姻也好，其他结合方式也罢，如今的年轻人也是"人"，而且根据我的来访者告诉我的信息以及研究报告显示，他们大多也在寻找真爱。

2018 年，一项针对 5000 多名美国单身人士的调查报告 [13] 发现，大约 70% 的年轻人相信爱情，并且渴望爱情。不同于"随意性关系已成为一种新常态"的论调，只有大约 10% 的年轻人表示，他们在爱情上很随意。而 60% 的年轻人，正在寻求长期而稳定的关系；33% 的年轻人已经和那些"不想确定关系"的人断绝来往。虽然只有 32% 的年轻人认为双方相爱才能拥有美妙的性爱体验，但 84% 的年轻人认为，如果双方相爱，那么性爱体验将会更加美妙。另外，有 25% 的年轻人是因为一时冲动才说了"我爱你"，而大多数年轻人表示，他们会提前想一想再说。

这些数据表明，当代年轻人对待感情的态度比流行文化所描绘的或者至少人们所认为的要更加负责和认真。然而，很多时候，他们却感觉不能大声说出自己在爱情中真正想要什么。相较之下，我们会非常理直气壮地说出自己对于工作的期望，而且我们会有大量时间（每周 40 小时）来探索自己的职业生涯。似乎在人生的每个阶段，都会有相应的书籍、课程、学位、证书、实习、顾问、导师或是服务来帮助我们前进。或许理应如此，因为工作的确重要，而且通常也是爱情的先决条件。（大约 25% 的年轻人表示，他们只有在自己的财务状况或职业生涯走上正轨 [14] 之后，才会考虑爱情和结婚；而大约 50% 的年轻人表示，工作至少和爱情一样重要。[15]）如今的我们，可以在职业生涯的不同阶段做出各种不同的选择；相较之下，我们选择伴侣的机会则少得可怜。这或许正是大卫·布鲁克斯想表达的意思。和谁结婚，的确是最重要的决定。而这个决定，很多人一辈子只会想做一次。

而且，选择伴侣相当于选择了自己成人生活的方方面面。金钱、工作、家庭、健康、休闲、性爱、退休，甚至是死亡，都成了一场两人三足的游戏。几乎你人生的方方面面，都将与你伴侣人生的方方面面交织在一起。面对现实吧，如果你的婚姻失败了，你无法像对待失败的工作经历一样，把它在简历上一笔勾销。即使离婚，你或许也会和对方永远绑定在一起。比如，支付孩子的学费；或是每隔一周，在车道上交换孩子。

许多 20 多岁的年轻人，至少从父母的婚姻里，其实已经意识到了婚姻的重要性。有的（大约一半）人直接经历过父母的离异，还有的人一直生活在糟糕的父母关系里。如果说"再婚是希望战胜了绝望"[16]，那么对于许多 20 多岁的年轻人而言，结婚本身便已经是极富勇气和乐观的决定。尽管有许多言论说，20 多岁的年轻人不过是想玩一玩，但其实依然有许多人想认真地对待感情，并希望自己能有比父母更好的结果。

不过，本书的核心观点是，"推迟做一件事，不等于更好地做这件事"。这或许可以解释为什么现在虽然平均结婚年龄上升，但离婚率依然保持在 45% 左右[17]。越来越多的年轻人知道要避免太早结婚，然而，他们不知道除此之外，还需要考虑什么。虽然结婚的时间已经改变，但是关于婚姻、关于爱情的讨论才刚刚开始。

* * *

我在研究生期间第一次参与的大型研究是追踪 100 名女性从 20 多岁到 70 多岁的人生历程[18]。时值中年，每位女性会在纸上写下自己至今最为艰难的一段经历。有些是关于难搞的老板，或无疾而终的单相思；有些是突如其来的疾病，或悲惨的意外。但那些最为艰难、最为漫长的经历，是糟糕的婚姻。有的以离婚告终，有的依然深陷其中。

20 世纪 60 年代早期，作为研究对象的她们，年仅 21 岁。当时的结婚率达到了最高，她们当中有 80% 的人会在 25 岁前结婚。我在参与该研究时临近 30 岁，而且未婚。我还记得，当时十分庆幸我们这代人可以晚一点结婚。而且，我还相信我们这代人的婚姻会比她们更幸福，因为我们会有更多的探索机会。不过，现在我知道了，更晚结婚不等于更加幸福。

在研究领域，晚婚属于相对较新的社会现象，所以科学家们才刚刚开始研究和理解它所带来的影响。不过已经确认的是，在所有结合方式里，青少年婚姻最不稳定。再加上我们现在已经知道的——20 多岁的年轻人仍未完全成熟，这使得许多人认为"结婚这件事，越晚越好 [19]"。不过，这与研究人员的发现并不吻合。

最近研究表明，青少年时期结束以后结婚的确可以降低离婚的概率，但这种降低截止到 25 岁。25 岁以后，一个人的结婚年龄将不会对离婚的概率造成影响。也就是说，结婚并非越晚越好。

或许，结婚越晚，伴侣会越成熟。但晚婚本身也面临不少挑战。比如，我们在二三十岁时所经历的一系列随意甚至有害的关系，会让自己不自觉养成一些坏习惯，而且会降低我们对于爱情的忠诚度。又如，我们结婚越晚，迫于生孩子的压力，我们和伴侣独处的时光也会越短（后文将详述）。另外，即使晚婚可以给你更多时间去尝试和挑选，但是随着时间的推移，可供挑选的单身群体也将以各种方式不断缩水。

这些都是很现实的因素。不过，我在心理咨询过程中听到最多的是所谓的"30 岁大关"（Age Thirty Deadline）[20]。在 20 多岁时，它就像是远处的警笛，声音不大，但依旧叨扰人心。30 岁之前，爱情、婚姻之类的要如何处理，或许尚不清晰，甚至都不重要，因为 30 岁是新的 20 岁，不是吗？但"30 岁时，我最好不要一个人"的说法，却常常回荡在我的心理咨询室里。

这就好像，30 岁一过，远处的警笛便突然临近，演变成令人不安和倍感压力的巨大声响。当然，具体的时间点和压力程度，取决于你所在的社会文化环境以及你的同龄人在做什么。其中女性感受到的压力高于男性。一方面，她们面临着生育上的压力；另一方面，她们会因为被动等待而承受更大的压力。（或许，这点让人颇为惊讶。尽管有关性别的刻板印象正逐渐消除，但最近研究显示，许多年轻女性依然想让男性在一段关系中占据主动 [21]。而这或许让她们承受了更多不必要的压力。）

总的来看，根据我过往的经验，所谓的"30 岁大关"其实更像是一种"30 岁开始焦虑症"（Age Thirty Bait-and-Switch）。我们 27 岁或 29 岁时本来感觉还好好的，突然一过 30 岁，感觉就不好了，感觉落后了。几乎一夜之间，长期而稳定的关系，从原本我们 30 岁以后才去考虑的事情变成了我们现在就想要的东西。那么，我们到底应该何时去考虑爱情和婚姻呢？

剧透：你 20 多岁时。

*   *   *

让我申明一点：没有所谓的最佳结婚年龄。本章所讨论的并非早婚或晚婚，甚至是否结婚。本章所要表达的是，20多岁时，你需要更认真地对待爱情以及自己，而不是随意为之。这样，你才能真正从爱情中学到点什么，并帮助自己在未来做出更好的选择。或许你会说，这恰好证明了30岁结婚要比20岁结婚更好。没错，我同意这一点。不过，30岁时，因为看到Facebook或Instagram上大家都开始步入婚姻的殿堂，而随便抓一个枕边人凑合过日子，绝不是更好的选择。

为了进一步说明这一点，我们不妨对比一下20多岁的来访者和30多岁的来访者告诉我的内容。以下内容来自几位20多岁的来访者：

> 在挑选约会对象方面，我不会想那么多。只要和这个人聊得来，而且在床上也合拍，就足够了。还有什么可担心的呢？我才27岁。

> 我很爱我的女朋友。我们在一起已经三年了。我想以后去别的地方读研究生，但我并不打算带她一起去。我觉得自己现在才20多岁，还没到和一个人长期在一起或是结婚的时候。那应该是之后的事。

> 我想在28岁之前结婚，然后在31岁之前生孩子。但我每次和别人这样说的时候，都感觉自己好傻。好像大家会有一种刻板印象，觉得这种事你没办法安排。我感觉自己又回到了14岁玩过家家的时候，不知道怎么办才好。我的男朋友告诉我，他想在35岁之前买房。我后

来也告诉他，我想在 30 岁和 32 岁之间生孩子。然而，他却跟我说，这不切实际，这得取决于我们工作如何、赚了多少钱以及在哪定居。可是，他怎么就能说在 35 岁之前买房？简直是双重标准。好像计划工作和金钱就实际，计划婚姻和孩子就不切实际似的。

我之所以和我男朋友在一起，是因为我们一开始都打算去西部发展。我们一到这儿就同居了，因为这样方便。我们都喜欢玩皮划艇之类的，不过我们两个人对这段关系都不是认真的。我不可能和他结婚。

我爱我的男朋友。而且，我只能对你说，我想和他结婚。但我感觉自己不该在 20 多岁时谈这些。我们俩恋爱的时候会时不时找别人约会，可是我们最后还是会重新在一起。我感觉，我们都不愿意承认对方就是对的人，就好像这样有什么问题似的。

不难看到，我的许多 20 多岁的来访者对待感情的态度没有那么认真，或者感觉自己不应如此。可到了 30 多岁，结婚也好，找伴侣也罢，突然间成了一件要紧事。关于这一点，不妨听一听我 30 多岁的来访者们是怎么说的（有的人仅比前面这些人年长一两岁）：

每次 Facebook 上有人把自己的状态改成"订婚"或"已婚"，我就会很恐慌。我真的感觉 Facebook 是想让我们这些单身人士无地自容。

我爸总说"不要和你贝蒂阿姨一样"。她至今单身。

每次我男朋友去外地，我们有一个周末见不到面，或者，天啊，一周见不到面，我都会非常难受。我记得，那是我们订婚后的一周，我现在想把这件事完全确定下来。

我才不要变成酒吧里的那种秃头男。身边朋友全都安顿下来了，然后只剩下他一个。

去年，我男朋友在圣诞树下放了一个戒指盒，结果那不是订婚戒指。我到现在还在生他的气。

周五和周六的夜晚本来很美好，直到那些情侣开始拿自己的外套准备回家。后来，我会选择在他们离开之前先走，因为被丢下的感觉真的很不好。

下周就是我的生日，然而我一点都不想庆祝。这有可能会让我的男朋友觉得我的生育能力一年不如一年。

任何不能让我遇到我老公的事，都是在浪费时间。

我之前谈过最好的男朋友是我25岁时交的男朋友。他曾向我表示想一起安顿下来，但我当时觉得还没到时候，所以就错过了。结果我现在只能随便找个人嫁了。

这位来访者说得颇为到位：

20多岁时的爱情就像玩抢椅子游戏，大家一边跑，一边玩得不亦乐乎。可一到30岁，就像是音乐结束，大家都开始坐了下来。我不想成为唯一没有椅子的人。有时我会想，我之所以嫁给我老公，或许是因为他是离我最近的椅子。也许我应该再等等，说不定会有更好的，但那感觉又会有风险。我希望自己能早一点考虑这些事情，比如在我 20 多岁时。

我们在这儿不讨论 30 多岁的人是应该选择最近的椅子，还是应该继续寻找；是应该安顿下来还是继续挑肥拣瘦。这个话题已经被许多文章和书籍所讨论过，而且也将继续讨论下去。

我们在这儿讨论的是 20 多岁的人不要未加思考就选择最近的椅子，结果把自己最好的年华浪费在了那些毫无希望或不想长期发展的关系上；以及 20 多岁的人不要等到 30 多才开始变得挑剔，应该趁着身边朋友尚未步入婚姻的殿堂，且自己也尚未被结婚的压力冲昏头脑之前，就开始选择自己真正想要的爱情。而且，就像工作一样，一段好的爱情不是我们准备好之后就会自然出现。或许需要经历几次认真的尝试和奋不顾身，我们才会真正懂得什么是爱，什么是承诺。

* * *

前文我谈到了自己 20 多岁时曾参与一项大型研究。那时，我也刚好遇到了我的第一位心理咨询来访者。亚历克丝是一位 26 岁的姑娘。当她被分派给我时，我心里一下子轻松了许多。我刚开始读研究生，算不上任何领域里的专家，不过我想，20 多岁的姑娘，我还是可以对付的。亚历克丝并没有表现出任何心理失调方面的问题，所以我可以简单点点头，听她分享那些有趣的故事而不用特别干预什么。"30岁是新的20岁。"亚历克丝会这样说。这句话对于那时的我来说也没什么太大问题。对于20多岁的我们来说，工作可以以后再说，结婚可以以后再说，孩子可以以后再说，甚至连死亡也可以以后再说。我们虽一无所有，但有的是时间。

不过没多久，我的督导就提醒我，电视上那种点头式的心理咨询是人们的刻板印象，如果我真的想帮助亚历克丝，那么我需要少一点耐心。这对我来说倒是个好消息，因为我本身就没什么耐心，但我的确不知道应该在什么地方对亚历克丝少一点耐心。亚历克丝20多岁的日子虽然过得的确不容易，但也算不上什么大事。她真正的人生还没有开始。她的确在不停地换工作，而且和不同的男人厮混，但她也还没到安定下来、结婚生子的时候。

当我的督导催我处理亚历克丝现有的感情问题时，我拒绝了。"是，她为爱失去自尊，"我耸耸肩，"但她又不会和那个男人结婚。"我的督导说："只是现在还没有，但她或许会和下一个男人结婚。而且你若真想在婚姻问题上帮助亚历克丝，那最佳时机便是在她结婚之前。"

这句话给了我一个当头棒喝。

8. 选择你的家庭

在这诡谲多变的人生里，家，是我们永恒的起点及终点。

　　　　　　——安东尼·布兰德（Anthony Brandt），作家

家，意味着没有人会被落下，或被遗忘。

　　　　　　——大卫·奥根·斯提尔斯，演员

在心理健康领域，有两类人最得不到照顾：一类是低功能型来访者；另一类是高功能型来访者。低功能型来访者通常患有严重的心理疾病，而这些疾病更多的是被控制，而不是被治愈。再加上相对庞大的医疗开支，他们中许多人面临着财务上的压力和挑战，而无法获得所需的照顾。与此相反，高功能型来访者通常资源较多。需要时，他们可以通过家人或学校接触到私人心理咨询师。

这些高功能型来访者有时会被心理咨询师称作雅斐士（YAVIS）[1]：他们往往年轻、有魅力、能说会道、聪明而且事业

有成[⊖]。而这些特质让心理咨询师很容易与之共事。正如一位同事所言，"年轻"意味着"他们的人生还没到无药可救的地步"。"能说会道"意味着他们能和你及别人进行顺畅流利的沟通，并清晰地说出他们想要什么或需要什么。"聪明"能够帮助他们快速理解和解决所遇到的种种问题。"事业有成"则意味着他们通常会有大量的资源，或者说，大量的选择。另外，如亚里士多德所言，"美是比任何语言都有力的推荐信"，所以"有魅力"的他们几乎走到哪里，都倍受欢迎。当这样的来访者走进心理咨询室时，许多心理咨询师的心中都会为之雀跃。然而，为什么如此好的来访者，却得不到同样好的照顾？因为他们光鲜亮丽的外表，有时甚至也会蒙住心理咨询师的双眼。许多雅斐士来访者之所以如此成功，不是因为他们各个方面都天赋异禀，而是他们不得不成功。

四分之三的年轻人，包括很多雅斐士来访者，都曾经历过一些重大的挫折或困境。最常见的如霸凌、性侵、家暴、丧父、丧母、父母离异、身体虐待、心理虐待、家人酗酒、家人吸毒、家人入狱、家人患心理疾病等。不幸的是，这个清单还在继续。

出于多种原因，包括社交及心理发展原因，这些早期挫折或困境通常会作为秘密，藏在这些年轻人的心中。一直到20多岁，他们才准备好在心理咨询师面前去谈自己曾经遭受过的挫折或困境时，不少心理咨询师甚至会被眼前的光鲜亮丽所蒙蔽。这些雅

⊖ 年轻（young）、有魅力（attractive）、能说会道（verbal）、聪明（intelligent）、事业有成（successful）等五个词的首字母合成为雅斐士（YAVIS）。——译者注

斐士来访者似乎什么都有——朋友、才华、成功、荣誉。然而，对于他们而言，人生并非看上去那样完美无缺。

我之所以知道这些，是因为到目前为止，有许多这样的来访者来过我的心理咨询室——数量之多，以至于我在后来为他们专门写了一本书，叫《我们都曾受过伤，却有了更好的人生》[2]。我在和他们的互动中学到了一点：当这样的来访者（比如埃玛）走进我的心理咨询室时，或许最好的相处方式便是放下假设，仔细聆听。

* * *

我第一次见到埃玛时，好感便油然而生。这并不意外，因为通常来说雅斐士来访者都颇受人喜爱。埃玛的言行举止让人感觉如沐春风。她和所有人都合得来，对任何事都没有异议。我们最开始的心理咨询过程也同样进展得舒服顺畅。几周以来，她准时赴约，而且通常会先询问我的近况如何。

直到有一天，埃玛记错了时间，早到了一小时。而我和另一位来访者有约，埃玛只好在休息室里等候，直到我这边结束。当轮到她时，她走进心理咨询室，不安地说道："我这么早来，你是不是觉得我有了很严重的问题。"

"你自己说说看。"我回应。

埃玛一下子瘫在椅子上，哭了起来。她对我说，她从小生活在城市边缘，家里的经济条件也徘徊在中产的边缘。她小时候的生活还算幸福，可后来正如许多家庭会面临的那样，情况变得愈发糟糕。父亲债台高筑，母亲开始酗酒。后来，父亲丢了工作，选择了自杀。上高中时，她依然努力学习，保持着优异的成绩，就好像一切都没有发生过一样。但是，她知道自己和周围的人已不再相同。现在，她在市中心的顶尖大学念书，这座城市是她长大的地方。但她从来没有和别人说过自己家里的事情，也从来没有向别人真正打开过心扉。"我感觉我是这个世界上最孤独的人。"她哭着说。

从那以后，我甚至对埃玛有了更多好感。

她告诉我，她就像是戴着面具生活。她在学校里表现非常出色，但却感觉与周围格格不入。她觉得这个世界上没有真正属于她的地方，甚至是在她的家乡。而她的家就像她不愿揭开的伤疤，既疼痛，又丑陋。

"没有人知道我是谁……除了你。"埃玛悲伤地说道。

"如果我是唯一知道你是谁的人，"我鼓励她向更多人打开心扉，"那这是我的失职。"

后来，不出意外，埃玛顺利毕业，并以优秀毕业生的身份结束学习生涯。当其他毕业生和自己的家人手捧着鲜花涌进市中心的餐厅时，她直接离开了这里，到别的城市开始自己的职业生涯。我的心中五味杂陈。

*　　*　　*

几年之后，一份新的工作以及旧有的家庭问题让埃玛回到了家乡。我们的心理咨询也重新拾起。埃玛母亲的酗酒问题变得愈发严重，她在失去自己的工作之后，也快要失去自己的房子。就这样，埃玛成了家里的顶梁柱。埃玛不仅要照顾自己，而且要照顾母亲。这样的生活虽然疲惫，但她终于向自己的朋友打开了心扉。"你没办法选择你的家庭，但你可以选择你的朋友。"她说道，声音轻快而无力。

埃玛的朋友的确非常善良。"不要怕，有我在！""我家就是你家！"他们安慰道。但作为唯一家庭不完整的人，埃玛知道，这并不一样。朋友的确可以给自己带来安慰，但每当假期或困难来临，大家都和家人在一起时，又只剩埃玛一个人了。

一天下午，几乎整个心理咨询过程埃玛都在垂着头啜泣。她刚买了一本新的地址簿，也填了许多人的联系方式，可填到"紧急联系人"这一栏时，她却不知如何是好。她哭着对我说道："如果我发生车祸了，谁来帮我？如果我得癌症了，谁来照顾我？"

出于职业操守，我强忍着不去说"我来！"这样说只是为了让我自己感受好一点，但对于埃玛而言，她最需要的不是一个非常关心她的心理咨询师，而是一个新的家庭——这不仅是她的机会，而且也是我们需要去谈论的话题。

当时埃玛已经和一个男生谈了快一年的恋爱。我对于埃玛的工作情况十分了解，但对于她的爱情生活却知之甚少。我听到的只有"挺好的""他很有趣""我们玩得不错"之类的描述，但这对于一个极度渴望照顾的人来说似乎是杯水车薪，或者至少从描述上看并不乐观。于是，我追问更多。

我发现，她的男朋友并不怎么说话。他喜欢看电视，而且经常打游戏。他讨厌工作，有时还会因为嫉妒埃玛而朝她大呼小叫。听到这些描述，我很为埃玛难过，并告诉了埃玛我的感受。"为什么你对工作这么野心勃勃，却对爱情满不在乎？"我不禁问道。

"我得有一份不错的工作才能生存下去，"她说，"但一段不错的爱情，对我来说就像是奢侈品。对此，我什么也做不了。"

"不是这样的，埃玛，"我从事实的角度回应她。

埃玛面露惊讶。

"你说过，你不能选择你的家庭，但你可以选择你的朋友，"我提醒她，"这在我们长大成人时，的确如此。现在，你正在选择你的家庭。我担心你没有做出正确的选择。"

*　　*　　*

站在 21 世纪的今天，我们已经非常幸运，能够自由地选择是否结婚、和谁结婚、什么时候结婚以及怎样结婚。当然，也有个别例外。但这些自由已经为 20 多岁的年轻人打开了一扇非常重要的门：选择你的家庭。这代表着你可以做出选择并为这个选择负责，而不是受限于自己的原生家庭，或是被动等待爱情的降临，或被丘比特之箭射中，诸如此类。选择你的家庭，意味着你要敢于去追求你想要的及你需要的那种家庭，无论它是什么样子。

有许多来访者和埃玛一样，因为原生家庭的不幸而感觉自己这辈子注定与幸福无缘。过去的成长经历让他们不再相信家庭。

他们唯一还相信的是自己的朋友、恋人或心理咨询师。但没有人告诉他们，他们最后还是会（或是突然之间发现自己正在）选择自己的家庭。尤其是当他们和别人相爱并开始组建家庭之时。对所有人而言，这个新的家庭将会决定我们未来的幸福。

*　　*　　*

周一，埃玛来到我的心理咨询室。她告诉我，她在周末见了她男朋友的父母。那是他们第一次见面。但那两个夜晚她都在床上默默流泪。这让我不禁好奇究竟发生了什么。埃玛告诉我，她男朋友的父亲是一名天文学家，大部分时间都在外面摆弄望远镜；而他的母亲则和他一样大部分时间都在看电视。他们对埃玛都没有展现出什么特别的兴趣。这让我不禁迟疑。

人们第一次见到我的两个孩子时，可能会说："国王的选择！"这是因为我刚好育有一儿一女，所以如果我是国王，我会让儿子继承我的王位，并让女儿嫁给邻国，作为两国之间的纽带。不过这么说颇为奇怪，尤其是我的孩子未来很可能会按照自己的意愿生活，而非如上述所言。另外，我对于把我女儿的婚姻当作交易的想法也颇为不悦。不管怎样，这个说法倒是提醒了我：很长时间以来，婚姻通常都是两个家庭之间的纽带。

如今，我们将婚姻看作两个人之间的承诺。西方文化普遍崇尚个人主义，强调各个领域的独立和自我实现，婚姻也不例外。这的确让许多人有权选择自己的伴侣，或正如大卫·布鲁克斯所言，做出这辈子最重要的决定。不过，有一点同样不可忽视，无论你是否意识到，那就是：当我们决定和某人在一起时，这不仅是两个人的结合，也会是两个家庭的结合。

我告诉埃玛我心中的迟疑和担心。话音刚落，她的眼里便泛起了泪光。她凝视着窗外说道："我不能期望我男朋友的家庭是完美的，因为我的家庭就不完美。"

"你说得对，"我表示同意，"没有谁的家庭是完美的。但是我在想，见过他父母之后流的那些眼泪还是说明了一些问题。"

"是的，我对他的家人并不十分看好。"

"但或许更重要的是，你似乎对你的男朋友也并不十分看好，"我用她的话回应道，"当你选择和一个人在一起时，你在家庭方面，无论是大家庭，还是小家庭，都有了重新选择的机会。我感觉你没有好好把握这个机会。"

不久以后，埃玛和她30岁的男朋友进行了一次对话。她男朋友说，他不确定自己是否想要小孩，而且不希望家庭成为他的累赘，妨碍他继续去干自己想干的事。虽然那些事究竟是什么，他并不清楚。然后埃玛便和他分手了。在心理咨询室里，她笑着说，自己的经历反倒成了她在《洋葱新闻》上看过的一篇报道《和男友父母一起过周末，足以说明很多问题》[3]。我知道，埃玛的心里还是害怕的。

不过，选择家庭本身就不是一件轻松的事。这意味着你不仅仅是被动等待灵魂伴侣的降临，而是要开始自己掌握主动权。这意味着你知道你正在做一个重要的决定，而它将会影响你未来的生活。这意味着你意识到爱情中不仅要考虑现在，还要考虑将来。这意味着你或许会成为一个家庭的创造者——如果你有孩子的话，未来他们或许也会说："你没办法选择你的家庭，但你可以选择你的朋友"。如果 20 多岁的年轻人对爱情没有哪怕一点点害怕，那就说明他们没有认真想过爱情究竟意味着什么。我并不为埃玛的害怕而高兴，但我知道她的害怕是有用的。这意味着，她现在愿意开始像对待工作一样对待爱情。

*   *   *

埃玛又一次离开了这里。这次是为了更好的工作，去到了更大的城市。在我们最后一次心理咨询时，她说道，她将带着更多的勇气去追寻自己真正想要的爱情，并选择自己一直渴望的家庭。她发誓，一定要比自己的父母更幸福，并要给自己的孩子（如果她有的话）一个更好的生活。这将是她的机会，去创造一些改变，去开启新的可能，去真正选择自己的幸福。

大约三年后，埃玛结婚了。每年，我都会收到来自埃玛的假日明信片（带照片的那种），与她一同见证家庭的成长。从照片上看，埃玛和她的丈夫以及他们唯一的孩子正享受着幸福的家庭生活。她写道，她的公公婆婆在城里买了一套房，这样可以帮忙一同照顾孩子，并融入他们的生活；而她丈夫的两个姐妹也住在附近，她们时常和埃玛一起共进晚餐或去海边度假。

现在，埃玛发现，"紧急联系人"那一栏似乎已经不够写了。

9. 为爱失去自尊

> 我感觉别人从未真正喜欢过我。我交过的男朋友也没有。一个人都没有。这让我感觉自己毫无吸引力。
>
> ——比莉·艾利什（Billie Eilish），音乐家（18 岁）

> 物理学里的因果关系创造着我们的外在世界；而我们和他人的对话创造着我们的内在世界。
>
> ——罗姆·哈瑞（Rom Harré），心理学家

当凯茜还处于青春期时，每次她走出家门，她妈妈都会以一种异样而轻蔑的眼光看着她，说她穿得不好看或是身材不够好。她的爸爸则会说她"太胖了""太吵了"或"太××了"。凯茜每次晚上回到家，都要和他们大吵一架，然后在自己卧室的地板上戴着耳机听着音乐睡觉。第二天早晨，她起床后，便匆匆忙忙赶去学校。然而，学校的环境更不容乐观。

凯茜的母亲是韩国人，父亲是美国白人。凯茜的父母在家中会避免讨论种族问题，而为凯茜营造出一种"后种族社会"的

氛围。但社会以及学校并不会为凯茜营造出这样的氛围。上高中时，凯茜一直被人们认为是那种安静乖巧的学生。然而这样的刻板印象，一直压得凯茜喘不过气来。在大学里，人们公认的美女都是金发碧眼，外加迷人的笑容，这使得作为亚裔的凯茜感觉自己完全不受关注。

现在，凯茜成了一名深受大家喜爱的小学教师，然而她的爱情生活却是一团乱麻。白天，她在工作岗位上兢兢业业，还出版过一本儿童文学书，如今正在创作第二本。然而到了晚上，她却过着另外一种生活。她从不挑选自己的性伴侣，而让性伴侣来挑选她。只要有男人对她感兴趣，她都是来者不拒。她从不在乎是否有保护措施。凌晨两点，当一条带着性意味的信息从她众多的约会软件中冒出时，她会立马回复；就算对方编造的理由再怎么蹩脚，她也从不计较。

有时，像凯茜一样的来访者，或他们的父母，想知道我对这些约会软件的态度。大家一般认为，正是这些约会软件和网站 ——Match、Tinder、Bumble、Grindr、Hinge、OKCupid 及 eHarmony，让随意的性行为成了一种常态。不过我通常都会耸耸肩，不置可否。在这些约会软件兴起之前，关于爱情和性爱的话题已经在心理咨询室里持续了近十年，而在它们兴起后的又一个十年，这些话题的讨论依然如故，只是新瓶装旧酒。为什么这样说？因为这些约会软件其实不是约会软件，而是交友软件。它们的功能在某种程度上和酒吧、夜店、野餐或游戏一样，是为了让你遇见新的人，新的朋友。它们或许是更方便、更先进的交友平台，让你得以展现自己。不过就像你在酒吧一样，当你坐上吧台边的高脚凳时，真正重要的不是你去哪一家酒吧，而在于你是谁。

不必听我的一面之词。

不妨听一听海伦·费希尔博士的想法。[1] 作为金赛研究所的资深研究员，费希尔博士曾在 2016 年的 TED 演讲中说道："我在 Match.com 做了 11 年首席科学顾问。我一直告诉他们，我们做的不是约会网站，而是交友网站。他们对此表示同意。我们可以给你各种各样的人——所有的交友网站都能做到这点，但真正的算法其实是你自己的大脑。这一点，科技也无法改变。"

作为生物人类学家，费希尔博士最关心的是人类这个群体，准确地讲，人类这个物种。但作为心理学家，我最关心的是人类作为个体的存在，以及个体之间的差异。我发现，在约会及恋爱时，我的来访者如何看待他们自己及自己的人生将在很大程度上影响他们在线上及线下的经历。无论是夜店，还是约会软件，"你走到哪，你依然是你"，他们如是说。

2020 年，新闻博客 Mashable 上的一篇文章[2] 对这些颇受欢迎的约会软件进行了排名。其中写道："无论你是寻找一段认真的爱情，还是想在午夜之后调调情，你都可以在这些约会软件上找到怀有相同目的的人。"没错，我有许多来访者在这些约会软件上找到了非常靠谱的伴侣。与此同时，也有许多来访者只是为了寻找性伴侣，有的或许能发展成还不错的恋情，有的或许成了草率的令人遗憾的相遇。这篇文章里提到，通常人们所"寻找"

的，在很大程度上取决于他们自认为"能得到"的，或他们自认为"配得上"的。我就把这一点作为解决像凯茜一样的来访者的问题的切入点。

当我向凯茜表达我对于她爱情生活（无论是线下的还是线上的）的担忧时，凯茜不屑一顾地回应道："这只是练习，就像正式演出前的彩排一样。"

"看看你在练习什么，好好想想正式演出时你到底扮演的是什么角色。"我提议。

"这没什么大不了。"她回应道，试图淡化问题的严重性。

但当我问她，她班上的学生未来如果也和她一样在爱情中不加选择，她将做何感想时，她表现得更加谨慎。她说："我不希望我班上的任何一个女孩这样。"

"那你为什么希望自己这样？"我问。

"我的意思是，我认识的男人里面有关心我的，"她申辩道，"只是还没有到男朋友的地步。"

"这挺悲哀的。"我说。

"这没什么大不了。"她耸了耸肩，眼神从我身上移开。

"我不相信你说的话。"我表示，"我不相信这没什么大不了，或你认为这没什么大不了。"

我有一些来访者在当下的确不想做出承诺，而单纯想享受性爱。然而，凯茜并不属于这一类。让我做出这一判断的不是她说出来的内容，而是她没有说出来的内容。凯茜几乎不怎么谈论男人，除非她在感情里遇到了挫折，我才会知道她最近在和谁交往。而且，她还会美化自己的爱情故事，直到后面说漏嘴，才发现是在某人办公室里的一段邂逅。除非我问起，否则她从不会和我主动分享她的爱情生活，包括她在约会软件上花了多少时间，以及她的感受如何。如果她真的是在享受自己后现代生活里的性自由，那又何必如此遮遮掩掩？

当我问及她的闺蜜对于她的爱情生活有什么想法时，她愣住了。然后她结结巴巴地说道："没……没什么……我的意思是……她不知道。"

"她不知道。"我强调。

"对，她不知道，"凯茜自己也很吃惊，"我从没想过告诉她。"这倒引起了我的注意。她没有和自己的闺蜜分享过她的爱情生活。她甚至都从未想过要分享。

＊　　＊　　＊

我问凯茜这些年来会和谁说起她的爱情生活。"我会和不同人讲故事的不同部分，但我感觉要是全讲出来的话，别人会承受不了，"她说，"唯一知道我所有故事的就是音乐了。"

"怎么说？"我问。

凯茜告诉我，她的歌单里基本上都是一些伤心而愤怒的歌。她不怎么表达自己的情绪，所以这些歌就代替她来表达自己的情绪。"有时候，我坐公交车上班，就会想，'估计不会有人相信我现在正在听这样的歌，不会有人相信我脑子里正在想的这些事'。"

她向我袒露。这让我不禁想到，苹果公司曾发布过的一则 iPod 广告。广告里，一个人安静地行走在大街上，但这个人的影子却在背景里肆意地舞蹈。我感觉凯茜与广告里的这个人颇为相似。从外表看，作为教师的凯茜温柔而外向；但她的影子里，却充满了绝望与愤怒。

当我告诉凯茜有关这则广告的联想时，她说，她感觉自己和广告里的这个人一样分裂，而这样的分裂，她已经无法缝合。凯茜担心，有一天自己的影子会在错误的时间点主宰自己，摧毁一切。但与此同时，她也担心自己会困在开心的虚伪外壳里，以至于别人看不到真正的她。

作为心理咨询师，我从多年的实践中学到了重要一课：疗愈里的最大障碍是来访者的自我疗愈[3]。一般来讲，年轻人拥有较强的自愈力。他们在面对生命里的挫折及逆境时，会发展出自己的解决办法。这些解决办法，现在看来或许过时且不完美，但它们依旧是办法，而且往往已经扎下了根。

凯茜自我疗愈的方式是音乐和性爱。这样的方式看上去似乎没什么危害且不易察觉。但有的方式明显具有伤害性，譬如自残、嗑药及饮食过度。我们知道，带着伤疤去上班是不好的，而同住的朋友也不会喜欢我们一直嗑药上头。但我们控制不了自己去听同一种音乐，或在性爱中寻求转瞬即逝的安慰。音乐也好，性爱也罢，这些自我疗愈的方式，或许曾让我们感觉好一点，但时过境迁，它们大多已不合时宜，甚至成了一种伤害。

"凯茜，有一句老话说得好：'过河时带上木筏，是明智之举；

上岸后继续带着木筏，则多此一举。'"

"什么？"

"音乐和性爱曾让你感觉不那么孤单，但现在它们正让你感觉越来越孤单。现在的每个问题，在过去都曾是解药。"

"那我应该怎么办？"凯茜一脸茫然。

"我希望你能从音乐里走出来，多和我说一说你的故事、你的感受。"

"我的音乐怎么了？"

"它一直在你的耳边低语。它虽然像朋友一样陪伴着你，但它现在更像是一个狡猾的朋友，看上去是在陪伴你，但实际上是在魅惑你，让你无法去发展一些有意义的爱情。它把你的人生变成了一场循环播放的暗黑摇滚歌剧。"

"但音乐是我的朋友……或许是我最好的朋友了。"凯茜眼中含泪。

"我能理解。但问题在于它没办法和你对话。它只是在不断肯定着你对自己、对爱情、对世界的所有负面想法。你曾说唯一知道你所有故事的就是音乐了。这意味着唯一知道你所有故事的只有你自己。"

"我没法不听这些歌，它们就像是我人生的背景乐，每首歌都代表着我的故事。"她说。

"可以和我说一说那些故事吗？"

"我可以把歌单发给你吗？"

"当然，那会是我的荣幸。不过，我听到的和你听到的会不一样。不妨和我说一说那些故事。"

＊　　　＊　　　＊

经过几次对话之后，这些故事开始拼凑在一起：

我上高中的时候没有谈过恋爱，也没有性经历。大家每次都会拿这件事来取笑我。我生活的这个城市非常现代，也非常时尚，我周围的人都显得酷酷的，而且很狂野。对比之下，我感觉自己一点都不酷，而且没人会注意我。我的父母总说，我要合群，我要融入主流，但我做不到。我的精力总是很旺盛，你知道的。我会说，我的灵魂在燃烧。但我爸会说，我总是太过于如何如何了。而我妈会说，如果我穿得再好看一点或再瘦一点，男生们会更喜欢我。但事实上我是亚裔，无论我做什么都没有人喜欢我。

我所在的高中是一家私立学校，人并不多，但那里的学生特别刻薄，尤其是对我，我根本无处可逃。这样说可能有点严重，但我真的感觉受尽了折磨。我哀求父母让我转去别的学校，一所更大的学校，这样至少可以淹没在人群里。但他们会说，这是最好的学校，可以让我上顶尖大学；还有，如果我穿得不同或表现得不同，大家会更喜欢我。

不知道为什么，被别人嘲笑没有性经历真的让我很苦恼。大学过了三年，我依然是处女。我总感觉自己比别人落后一截，就好像我之前错过了什么，就永远错过了。这种感觉真的很不好。有一晚，我终于做了。那次，我和乐队里的朋友一起出去，后来喝得烂醉。我和乐队的主唱直接在一辆豪华轿车的后座上发生了性关系。可能这听上去有点恶心，但其实对我来说还好。

一方面，凯茜感觉自己是这个世界上唯一没有性经历的年轻人；但另一方面，从数据上看，这不符合现实。2020 年，一项为期近 20 年的成人性生活研究[4]显示，二十出头的年轻人中，有大约 25% 的人在特定年份里没有性生活；而这个比例，在那些即将迈入 30 岁的年轻人中，依然能占到 15%。所以，20 多岁时没有性生活，或许要比我们想象中更为平常。另外，该研究同样显示，这个数据相较于 21 世纪之前，实际上正处于上升趋势。

这或许是一件好事，或许不是。但根据我的经验来看，真正重要的不是某人是否有性经历，而是他们如何诠释自己是否有性经历。对于 20 多岁的年轻人而言，他们如何理解和讲述自己的经历才是真正的关键。

凯茜继续分享道。

"我感觉那晚，我终于赶上了，"她说，"在那之前，我感觉没有人注意过我，除了我的父母，或许还有那些高中同学，但他们从不喜欢我。然后突然之间，我也有了别人渴望的东西。"

"性。"

"对。"

"这是你渴望的吗？"

"我渴望被别人渴望。"

"你渴望被别人渴望。"我重复道。

"我并不觉得自豪，"她承认，"而且有时候我做的事情并不是自己本来想做的。有时候，我会和别人陷入一些不好的关系里。但真的很容易就陷进去……我很难拒绝这种力量。"

"什么力量？"

"被别人渴望的力量，被另眼相待的力量。"

"如果男人不渴望你，你就感觉被无视了？"

"如果有人不渴望我，我会很难受，我的自信会直线下降。如果我的生命里没有男人，我会感觉自己就像活在沙漠里，而每一个渴望我的男人就是我的绿洲。这种感觉就像是，这可能会是我遇到的最后一片绿洲，所以我要把水全部喝完，我要尽可能得到我所能得到的。如果有人不渴望我，我会感觉所有人都不渴望我。"

凯茜继续说。

"我感觉自己只能不停地和别人发生性关系，然后看看到底和谁能稳定下来，"她说，"或者只有在网上获得别人的注意，才能证明自己有吸引力。这或许比随意性关系好一点，但在某种程度上都一样……"

凯茜说得越久，似乎越注意自己所说的话。

"听到自己这样说，我感觉自己应该做些改变，而不是依然活在那些高中生对我的取笑里。不过，即使我做出改变，待在家里进行创作，依然感觉不太好。我不想变成那种没人要的大龄剩女，我感觉我认识的人很早就开始谈恋爱了，就好像我总是落后别人。不过，我不能再这样想了。我已经赶上了。我不再是17岁了。"

"没错，你现在已经是27岁了。"

*　　*　　*

有一些关于所谓的"自感配偶价值"（self-perceived mate value，指我们在选择配偶时所感觉到的自我价值）的有趣研究。简单来说，这一研究试图确定我们会给自己打"2分""6分"还是"10分"及打分的原因。研究发现，对20多岁的人的自感配偶价值影响最大的，是他们到目前为止感觉自己在爱情市场上有多受欢迎。

当调查20多岁被试的配偶价值[5]，发现以下回答对打分的影响最大："我喜欢的人往往也喜欢我""有人注意到我""有人表示欣赏我""有人向我提出性邀请""有人会被我吸引""我可以选择尽可能多的性伴侣"。总的来看，这些答案均与"他人的观点"有关。不过，在我看来，更深层次的答案在于"自我认知魅力值"（perceived desirability）——我们认为自己多有魅力，决定了我们在选择配偶时的自我价值。

研究表明，自我认知魅力值对于自感配偶价值的影响要大于我们是否认为自己"很容易相处""受到大家喜欢""事业有成""前途无量""会是很好的父母"或是"身材性感"，甚至还大于我们是否"有过恋爱经历"。

而许多 20 多岁的年轻人会根据自己非常有限的（或是不完整的）经历来决定自己的配偶价值。很多时候，他们走进我的心理咨询室，然后说："没有人会爱我，因为过去没有人爱过我。"或是像凯茜一样的年轻人，虽然已经 27 岁，但发现自己这十年来在恋爱中的所有决定都一直受到自己 17 岁经历的影响。

当然，我的来访者并没有做过配偶价值测试，不过，关于自己在恋爱或选择配偶时的自我价值感，他们通常无意之间在自己心中已经有了答案。而且，我若加以询问，通常也会提及一段难以忘怀的经历。然而，正是这些经历，这些情窦初开的经历，这些高中或大学时的校园爱情，在很大程度上决定了我们未来在爱情中的自我价值感。

为何如此？

我们在高中及 20 多岁时的恋爱经历不仅影响最为深远，而且印象最为深刻[6]。因为这些岁月里藏着我们许多的第一次：第一次心动、第一次被拒、第一次接吻、第一次性体验、第一次相爱及第一次心碎。有些记忆很美好，但有些则不愿再想起。无论怎样，这些记忆和经历都在我们十多岁或 20 多岁时留下了不可磨灭的痕迹，而这个时候正是我们第一次尝试形成自己的人生故事[7]的时候。随着我们逐渐成熟，我们开始能够且乐于进行抽象思考，我们开始用这些记忆和诸多"第一次"创作故事，我们开始讲述"我是谁"的故事。

然后，随着我们社交圈的扩大，我们开始向别人以及自己讲述这些故事。而这些故事让我们在不同地方感受到自我的统一和协调。这些故事成了我们自我身份的一部分[8]，展现出独属于我们自己的复杂面向。它们展示我们自己、我们的朋友、家庭、社区及文化，以及我们为何一年又一年如此过活。

在帮助来访者建立身份资本时，我常常要求他们重新整理自己的工作经历，并打磨自己的故事。但当涉及爱情时，事情开始变得复杂起来。我们没有爱情简历来帮助自己整理恋爱时的经历，也没有面试或论文来帮助自己反思爱情中的种种。这些最为私密且影响深远的故事往往以各种奇形怪状甚至是令人痛苦的方式藏在我们内心的最深处。或许，有些故事，我们从未和别人说起，但这绝不意味着它们无足轻重[9]。就像凯茜所经历的一样，它们或许会在我们的脑海中不断循环，成为人生的背景乐，而无人知晓。有时，甚至连我们自己也觉察不到。就像凯茜所说的一样，它们往往藏在"我们本想做的事情"和"实际所做的事情"的落差里，或者"实际所做的事情"和"我们告诉别人所做的事情"的落差里。

不过，这些故事可以形成或许具有巨大变革潜力的身份资本[10]。在后面的章节里，你会发现，一个人的性格是如何在20多岁时发生改变的，而且它的确可以改变。不过，它不会立马发生改变，或让你变得判若两人，就像我们讲述的故事中那样。消极的人生故事会困住我们，积极的人生故事会改变我们。所以，遇到像凯茜一样的来访者，我的部分工作是帮助他们讲述这些故事。

然后，一起改写这些故事。

"我们的人生故事需要不断地修改和编辑，"我告诉凯茜，"你需要明白这点。"

"是的，我明白。"

"我记得你之前在创作儿童文学，我很好奇你是如何编辑自己的书的。"

"噢，那是最重要的一步。创作时，你可能会有一些不错的想法，但你看不清全貌。可能一开始你觉得自己写的东西没问题。但过了一段时间之后，你再看自己的文字，会变得更客观，你会发现哪里有问题。毕竟这不仅需要我看了觉得没问题，而且还要别人看了也觉得没问题。"

"是的，就像你说的，你现在给你自己讲述的故事还没有编辑过，还停留在你 17 岁的时候。这个故事我觉得有问题。"

"觉得有问题……"凯茜满是疑惑地重复着我的话。

"是的。在我看来，你并没有落后。你并不是没人要的凯茜。现在有人渴望你。但不管怎样，你是有价值的。被别人渴望并不是生命的全部，或是爱情的全部。所以，你打算什么时候停止为爱失去自尊？"

"我交往的一些男人，有的长得还挺帅，你可以看看……"凯茜开玩笑地回应道。

"我说的不是外表好不好看，我相信他们一定很好看。我说的是在爱情中更加尊重自己，而不是把自己看成一个毫无价值，可以为爱失去自尊的人。"

"我就是这样的人……我感觉我还是那个没人喜欢的凯茜……我感觉我还是 17 岁。"

"在那之后，很多都变了。"

*　　*　　*

许多 20 多岁的年轻人之所以会在爱情或工作中看轻自己，让自己卑微于尘埃，通常是因为有一些故事他们未曾说出口，或至少未曾审视过。凯茜故事的主题是被无视和不被渴望；而许多年来，无数的年轻人曾向我述说他们因为个人原因为爱失去自尊的故事。部分是因为凯茜的缘故，我现在通常会让我的学生或来访者写一写他们是否曾为爱失去自尊或正在为爱失去自尊。然后，我们一起聊一聊。

"我在爱情中会把自己看得很轻，因为我在家里从未看见过真正的爱情。我很自卑，所以我不会去拒绝别人。"一位 22 岁的男生说。"我曾为爱失去自尊，因为我的自我价值感很低，我当时甚至都没有意识到这一点。"一位 25 岁的女生说。"我搬到这里后就开始为爱失去自尊，我觉得很孤独，无所适从，所以需要有人来填补我内心的空洞。"一位 26 岁的男生说。"我感觉我的自我价值感很低，因为我之前的高中里基本全是白人，而我不是。"一位 20 岁的大学生说。"我在爱情里很自卑，因为我喜欢过的人从来没有喜欢过我。"另一位大学生说。"我 20 多岁时，让自己委屈了太久，"一位 30 岁的来访者说道，"那些和我约会的人，基本上都不想和我进一步确定关系，为什么我还可以忍受这么久？"

尽管他们每个人都有属于自己的故事，但这些故事的共同之处在于：它们来源于过去的经历和观点。若想加以改变，我们则必须拥抱新的经历和观点，我们必须让新的更好的人走进我们的生命，或至少让他们的声音出现在我们的生命里。

作为凯茜的心理咨询师，我有许多工作要做。很长时间以来，凯茜的经历和观点，一直在父母的评价、高中同学的取笑以及她的音乐之间循环。有时，她似乎完全听不进我所说的话，甚至连自己在说什么也未曾察觉。直到有一天，她走进我的心理咨询室，小声说道："我很想问你一件事，但一直不敢问，今天我鼓足了勇气。我想，这会是我问过最恐怖、最尴尬的一个问题。"

我静静地坐着，等待她开口，感觉时间凝固了许久。

"你怎么看我？"[11] 凯茜眼中泛着泪光。

这个简单的问题却让我一下子不知道如何回应。一方面，我为凯茜感到难过——长这么大，还没有人真正看见过她，认可过她，欣赏过她。她心中的阴影就像是一块巨大的铅色乌云，遮住了所有阳光。她看不见自己的价值。但另一方面，我也感受到希望和慰藉。因为我知道，她问这个问题便意味着她已经准备好来改写自己的故事。

我告诉凯茜，我眼中的她因为过往的经历而感觉自己既"太过于如何如何"又"比别人落后"。我告诉凯茜，我很担心如果她继续和随便某个人约会的话，那么等到了31岁或34岁，她很可能会随便和某个人结婚。我们在接下来的心理咨询中一起谈到她的"自感配偶价值"以及更多需要在爱情中考虑的因素，而不只是"渴望被别人渴望"。我们更少地去谈她过去是谁，而更多地去谈她现在是谁：一位热情而受人喜爱的教师，一名崭露头角的年轻作家，一位美丽而迷人的女性，以及作为一名亚裔美国人，深知被无视、不被认可是何感受。

我们还用了更多的时间谈论"她想要什么样的伴侣"，而不是"一直被人挑选"。凯茜从未想过自己想要或需要什么样的伴侣，甚至也从未想过她自己可以做出选择。

"我终于意识到这不是彩排，"凯茜说，"以现在的年龄来看，我的下一段爱情可能会是我最后一段爱情。我的意思是，我需要认真起来。"

"对，我们需要认真起来。"我说。

凯茜的爱情生活慢了下来。她开始思考她的伴侣需要有什么样的品质，以及什么样的恋爱关系会让她感觉更好。她开始更严肃地对待爱情，并在爱情中探索自己究竟想要什么样的伴侣，而不只是把它当作令人愉悦的体验。而且她也开始发现，即使她并没有以性作为前提条件，也有男人想和她在一起。

"我从没有想到过自己还可以这样子和别人谈恋爱。"她说。

凯茜仍在探索之中。虽然我不知道她最终会选择什么样的人，但我知道，她会做出更好的选择。无论是在周末，还是在网上，她不再会因父母的评价、高中同学的取笑或是她的音乐而为爱失去自尊。现在，她的脑海中有了新的声音——我的声音、她闺蜜的声音、她学生的声音以及她自己的声音，这些声音成了她现在的朋友，她现在的背景乐。

而她的故事，正在改写中。

10. 同居效应

（很多事情）不在于你做什么，而在于你怎样做。

——梅尔文·奥利弗（Melvin Oliver）和詹姆斯·杨（James Young）

身陷困境，如同身陷流沙。你不能随遇而安，而要尽早摆脱。

——罗斯·怀尔德·莱恩（Rose Wilder Lane），
作家、美国自由主义运动发起人

珍妮弗32岁时，父母为她举办了一场盛大而奢华的婚礼。葡萄酒庄，粉红郁金香，再加上动人的音乐，一切似乎显得幸福而完美。婚礼前，珍妮弗和她的男朋友卡特已经同居三年。婚礼上，他们的朋友、家人还有两条宠物犬都为他们献上了最美好的祝福。只是好景不长，六个月之后，珍妮弗开始寻找离婚律师，并和我开始了心理咨询。那时，她还在忙着写婚礼感谢信。"我感觉自己就像是一个骗子，"珍妮弗啜泣道，"刚办完婚礼就准备离婚。而且，我感觉自己把时间都花在了办婚礼上，而不是享受婚礼上。"

每次珍妮弗走进心理咨询室，我都感觉她既像是在出席商务活动，又像是刚宿醉酒醒。她的穿着很正式，但总有些凌乱，而且神情疲惫。她毕业于美国排名前十的大学，如今正开始自己的职业生涯，但与此同时，她会在深夜派对上狂欢。她的伴侣卡特没有固定的职业。大学的最后一年，他选择了辍学，并跟着自己的蓝草乐队四处巡演。后来，他的乐队无疾而终。但他对于音乐的热爱丝毫不减。他不停地换着工作，从音响师到乐队推广人，诸如此类。珍妮弗和卡特在他们的朋友圈里可以说是最酷的一对。他们最常谈论的是接下来去看什么演出。

但婚礼后，他们所谈论的话题变了。他们开始谈论房子、孩子以及更多。一位房地产经纪人在和他们算完房贷之后，他们一下子变得紧张起来。而考虑生孩子之后，他们的压力变得更大。珍妮弗希望孩子刚出生时能多一些时间照顾孩子，所以她告诉卡特，她希望他未来能负担起更多的经济压力。另外，她在考虑要不要回新罕布什尔州，因为那里的生活压力小一些，而且她的父母可以帮上忙。但卡特有自己的想法和考虑，他想继续待在这里。就这样，这些琐碎但实际的事情让他们原本充满乐趣的生活变成了一个个令人犯愁的难题。

不过，最让珍妮弗感到灰心的是她明明已经尽了全力，但结果还是不尽如人意。"我爸妈很早就结婚了，"她哭着说道，"他们交往才六个月，我知道我妈甚至在结婚前根本没有性经历。他们那时还那么年轻，怎么就知道自己的婚姻会成功？我和卡特同居了三年，并且我们结婚比他们晚了这么多，为什么最后会弄成这样？"

*　　*　　*

在心理咨询领域，有一句话叫"走得越慢，到达终点越快"。这句话的意思不是说，要把心理咨询的进度拖上好几年，才能帮助来访者；而是说，有时帮助来访者最好的方式是帮助他们在思考时慢下来。我们每个人思考时都或多或少存在逻辑上的漏洞。如果我们慢下来，停下来，将这些漏洞找出，那么你将会发现我们行为背后的各种假设，而这些假设正不知不觉驱动着我们的各种行为。在珍妮弗的表述里，不难发现她的假设：同居，能测试未来婚姻是否成功。这是一项常见的误解。

在过去50年里，结婚率逐渐下降，同居率却逐渐上升。1970年的统计数据显示，在18～35岁这个年龄段，同居率大约为1.5%[1]。然而2018年的人口普查数据显示，如今的同居率已高达15%[2]。数据还显示，现在20多岁的年轻人会更多地选择同居，而不是结婚（虽然选择同居和选择结婚的人相较于整体依然占比不大，均未超过10%）。不过，年龄越大，结婚的人则越多。若从25～35岁这个年龄段来看，选择结婚的人比选择同居的人更多（选择结婚的大约占到40%）。

虽然如此，但整体而言，那些未婚人士依然占到大多数。从数据来看，到了 45 岁，那些曾经同居过的人[3]要多过那些曾经结婚过的人。这意味着，同居的现象现在已变得愈发普遍。而同居的话题或许现在正需要我们去更多地了解、思考和谈论。

未婚人士占多数的原因和结婚率下降的原因大致相同：主流宗教信仰的减弱；学生贷款的增加；中等收入者所面临的经济不确定性；社会对于不同伴侣关系的包容；年轻人的失业及就业不足问题；避孕措施的开放。这些原因都很实际，而且重要。不过，若和 20 多岁的年轻人聊一聊，你还会听到另一种说法：同居可以测试两个人的感情。

许多 20 多岁的年轻人相信，同居可以帮助他们避免糟糕的婚姻[4]。一项全国性的调研报告显示，将近一半的年轻人同意[5]："只有同居过一段时间后，我才有可能和对方结婚，因为同居可以帮助我判断我们俩究竟是否适合。"而且，大约三分之二的年轻人相信，婚前同居可以有效避免离婚。珍妮弗便是其中之一。她认为和伴侣同居一段时间，而且较晚结婚，可以保证未来婚姻的成功，而不至于像她爸妈一样，那么早、那么快结婚，最后以离婚收场。这听上去很合理，不过珍妮弗所不知道的是，几乎没有任何证据可以证明这个结论。

如果婚前同居真的能保证婚姻的成功或避免离婚，那么这对于研究人员来说将非常容易证明。一项简单的相关性研究（实际上有许多这样的研究）应该可以证明，那些同居过的伴侣[6]将会有更幸福的婚姻以及更低的离婚率。但实际上，结果并非如此。而且与此相反，有些研究（并非全部）显示，那些同居过的伴侣，实际上有更糟糕的婚姻，以及更高的离婚率。这个现象，便是所谓的"同居效应"（the cohabitation effect）[7]。

"同居效应"让许多婚姻研究者百思不得其解。为什么像珍妮弗和卡特一样先试着在一起生活的伴侣反而更不幸福？有些研究者进而解释道，或许那些选择同居的伴侣本身思想就更加开放，所以他们个人也更能接受离婚。不过，研究显示，"同居效应"并不能单纯以个人特质来加以解释[8]，比如一个人的宗教信仰、教育水平或者政治倾向。而且，根据我过往的经验来看，也并非自由主义者选择同居，而保守主义者则不同居。事实上，无论是民主党占主导的州，还是共和党占主导的州，都有人选择同居；在其他西方国家也是这样。

那么，究竟是什么导致了"同居效应"？为什么"先试后买"的方式在婚姻里就不奏效了？最可能的原因在于，是否同居需因人而异，因情况而异。当然，不是所有同居过的伴侣都必然会婚姻不幸福或是离婚；相应地，不是所有同居过的伴侣也都必然会幸福地生活下去。我通常和我的来访者这样说：在某种程度上，你们是否同居并不重要，重要的是你们如何同居。

*　　*　　*

我和珍妮弗一起探讨了"为什么最后会弄成这样"这个问题。

在几次心理咨询中，我和珍妮弗一起回顾了她和卡特是如何从约会发展到同居的。研究显示，大多数情侣表示"顺其自然地发生了"[9]，而珍妮弗的描述与此正好吻合："同居方便多了。我们都在租房，而且经常要去对方那里过夜。我总是在他那里留下一些工作中需要的东西。我们也很喜欢和对方在一起。同居既方便，又省钱，所以我们很快就住在了一起。就算我们最后合不来，我也可以很快搬走。"

珍妮弗所描述的，正是同居问题研究者斯科特·斯坦利所说的"任其发展，而非共同决定"[10]。有三分之二的情侣[11]，从约会到过夜，到经常过夜，再到同居，这一系列过程都是任其发展；这中间没有戒指，也没有仪式，有时甚至连一次对话也没有，更别谈具体的日期。（很少有情侣可以说出[12]他们从哪个月开始同居，虽然他们通常还记得第一次约会是什么时候。）

或许，相比于50年前，现在会有更多的年轻人选择同居。但我不确定他们同居的方式是否也发生了变化。早在1972年[13]就有研究人员指出，同居很少是情侣双方共同的决定，而更像是"不知不觉地就在一起"。现在，像珍妮弗一样的年轻人的同居方式和50年前相比如出一辙。

我问珍妮弗，如果回顾过去，她是否也是任其发展，不知不觉地就和卡特在一起了；而相比于订婚或结婚，她对于同居这件事，是否考虑得还不够多。

"问题就在这儿，"她说，"这又不是结婚，我没有必要考虑那么多。"

"如果你现在再考虑一下呢？"

"如果我现在再考虑一下的话，我会说，我对于同居的想法很简单：和谐的性生活、有趣的周末、好玩的朋友以及便宜的房租。这些就够了。"

这让我想起研究里曾提到，大多数的年轻人对于同居伴侣的要求要低于他们对于婚姻伴侣的要求。于是，我继续提问。

"那你对于同居生活就不担心吗？"

"卡特没有正式的工作，这一点一直在我的脑海里盘旋。我最开始以为我可以通过同居来测试卡特，看一看他对于我们的感情有多认真。但我现在明白了，我们俩对于同居这件事本身就没有多认真，就更别谈感情了。而且，他玩音乐这一点让他成了我的理想男友。他的生活就是玩，我们俩的生活就是玩。"

就像许多选择同居的年轻人一样，珍妮弗和卡特的关系听上去更像"大学室友"加"性伴侣"，而非"执子之手，与子偕老"的配偶。珍妮弗对于测试她和卡特之间的感情有着模模糊糊的想法，然而他们并没有一起真正面对过婚姻中的种种难题：还房贷；生孩子；夜里起来照顾孩子；为孩子上学及退休生活存钱；查看彼此的薪资记录及信用卡账单；或是和伴侣的亲戚共度假期，即使心中十万个不愿意。同居的确会有许多好处，但根据我对年轻人的了解，这些好处并不一定包括通过模拟婚姻来测试两个人的感情。

"后来呢？"我问。

"一两年后，我开始想我们这样究竟算什么？"

"一年？还是两年？"我追问。

"我不知道……"她回道。

"所以时间也不知不觉溜走了。"我说。

"是啊，我感觉所有事情都很模糊。这种模糊的感觉最让人难受。我感觉我和卡特的感情也是这样，我们究竟算什么。这种模糊的状态让我真的很没有安全感，我们之前还为这件事吵过架。我感觉他从未真正喜欢过我，或承诺只想和我在一起。我现在也没有感觉到。"

珍妮弗所说的"这种模糊的感觉"正好与有关的研究相互印证。

首先，不是所有的情侣都与珍妮弗和卡特一样，不知不觉就在一起了。有一些情侣订婚之后 [14] 才选择了同居。大量研究表明，第二种方式会有更好的结果。具体而言，在订婚之后同居的伴侣，相比于在订婚之前同居的伴侣，他们之间的沟通往往会更顺畅，他们彼此的忠诚度和婚姻的稳定性也会更高。这种更好的结果，甚至还会持续到离婚之后。

我之所以提出这点，不是为了说"订婚之后同居"更好，或所有人都应该这样，而是以此来说明那些能清晰表达自己的承诺度（无论那是多少），并与对方的承诺度匹配的伴侣，往往会有更好的结果。而且研究表明，无论关系进展如何 [15]——约会、同居还是结婚，那些经过深思熟虑，并和对方一同做出决定的伴侣，在爱情中往往更忠诚、更满意，也更幸福。相反地，那些不去沟通想法 [16]，不去表达承诺的伴侣，将会在爱情中面临更多的不确定。

可以说，爱情中的沟通必不可少 [17]。但许多伴侣往往会避免这样的沟通。他们不去谈自己为什么要和对方在一起，以及这对于自己究竟意味着什么。于是，便"任其发展，而非共同决定"。当然，这样的情况不只是同居才有。就算是那些选择结婚的伴侣之间通常也有着未曾说出口，甚至连自己也没有意识到的想法和意图。

＊　　＊　　＊

在后面的心理咨询中，我和珍妮弗开始谈到她和卡特是如何从同居进一步发展到结婚的。要知道，这中间需要大量的沟通和选择，不可能"顺其自然地发生了"。

"结婚当然不可能顺其自然地发生了，"珍妮弗翻了个白眼，"我们确实谈过这件事，但我们基本上谈的都是如何准备婚礼，比如婚戒、场地、日期和邀请函之类的。所有这些，基本上都是我追着卡特才最后一项项准备好的。"

"为什么基本上都是你追着卡特？"

"事实上，卡特不是当丈夫的那块料。我们之前的生活不用他操心这些，所以当时我没觉得有什么问题。我本以为结婚之后他会变得更有担当。"

"你本以为……"我强调。

"我希望如此……"珍妮弗冷笑了一声，"而且我还想，'都已经住在一起了，我还能怎样？'"

"你本可以结束这段关系。"

"没那么容易。"

"你之前说,就算最后合不来,你也可以很快搬走。"我说。

"是啊,但我感觉就像陷入了流沙一样,想走也走不了。"珍妮弗沮丧地回应。当珍妮弗提到"流沙"这个比喻时,我并不惊讶。若真是"想走就可以走",那现在也不会有这些问题。

类似的情况上演了太多次。

许多20多岁的年轻人,因为"既方便,又省钱"而很快选择了同居,但在好几个月或好几年之后,却发现自己"想走也走不了"。这就像是办了一张信用卡,第一年免息,第二年会有23%的利息。等你到了第二年,却发现自己突然身陷困境,因为自己还没来得及换一张利息更低的卡,而现在已经债台高筑。事实上,同居与此如出一辙。从行为经济学的角度来看,这种现象被称为"锁定效应"(lock-in)[18]。

锁定效应指的是一旦你在某个事物上做出初始投资,那你寻找其他选择或改变选择的可能性将会降低。初始投资,又称准备成本(setup cost),它可大可小:一份表格,一张门票,一笔首付,抑或是创建线上账户时花费的几分钟时间。准备成本越大,你选择其他代替物(甚至是更好的)的可能性则越小。但即使准备成本很小,它最后还是会带来锁定效应,尤其是当我们还面临转换成本时。

转换成本指的是我们在转换选择时所需要投入的时间、金钱或精力。当我们在某个事物上做出初始投资时,转换成本实际上还并不存在，它存在于未来。所以，我们往往会低估转换成本。我们很容易觉得等以后换一张信用卡就好，或是等租约到期之后就搬走。但问题在于，当未来真的来临时，以前觉得没什么的转换成本却一下子感觉变大了很多。

同居这个选择，便充斥着各种各样的准备成本和转换成本，这些都会导致最后的锁定效应。搬到一起住，可能的确更省钱，而且更方便。我们再也不用忍受合租室友的各种癖好或行为。我们可以和伴侣一起开心地租下整套房子，而且还可以一起照顾宠物，一起购买新的家具，以及一起承担各种生活上的花销。只不过你或许没有意识到，跟着你一起搬进来的还有各种各样的准备成本。以后，你"想走就可以走"的可能性将受到这些准备成本的限制。

"我们有这些家具，"珍妮弗说，"两只宠物狗，还有共同的好友和周末的惯例，所有这些都让我真的很难结束这段关系。"

在我解释完锁定效应的概念之后，珍妮弗猛地咽了一口水。"我在十多岁的时候经常和我妈吵架，我说她既然和我爸过得不开心，为什么还要在一起这么久。现在我更能理解她的感受了。从一段关系中脱身，哪有这么容易？而且，她还有两个孩子要考虑。而我之所以和卡特在一起这么久，其实是因为我没有钱买新沙发。"珍妮弗带着哭腔说。

"我们20多岁时，买新沙发可能的确是无法克服的障碍。"珍妮弗越哭越伤心，我说，"不过我想，应该不只是沙发而已，这里面还有什么？"

珍妮弗思索了一会儿，说道："我感觉 30 岁之后一切都变了。我和卡特同居的时候才 20 多岁，如果我想走，随时都可以搬走。但过了 30 岁之后，我感觉一切都不一样了。"

"30 岁之后，重新开始一段关系的确感觉更难，"我说。

"你知道吗？那时候，我身边所有的人都在准备结婚。我也想结婚。我感觉我和卡特之所以结婚是因为我们都 30 岁了，然后我们又刚好在一起。"

"所以结婚的压力让你感觉只要能尽早结婚就好，至于和谁结婚、是否会幸福，似乎都不那么重要。"我说。

"虽然这么说很羞愧，但我不得不承认。而且我感觉，我甚至都不想考虑这么多，更别说未来是否会幸福。我那时想，就算未来不幸福，但我至少已经结过婚了，就像身边所有的人一样。"珍妮弗啜泣道，"但离婚比我想象中要糟糕得多。我并不后悔和卡特相爱过。但我后悔和他在一起同居了这么久，我后悔自己没有早一点结束这段关系。不管怎样，现在我也要重新开始。只是情况变得更糟了。"

"但是你正在结束这段关系，"我提醒她，"你现在感觉如何？"

"我必须面对现实。对于 20 多岁的我来说，卡特是一位非常完美的男朋友。但对于现在的我来说，卡特绝不是一位非常完美的丈夫，而且未来也不是。我现在有一份不错的工作，我想组建家庭，想生孩子，但卡特对这些都没有兴趣。也许我和卡特谈这些的时候，我们还没结婚，所以谈这些并不实际，并不正式。但现在，我们却要正式离婚了。"

离婚对于那些正享受同居生活的年轻人来说或许显得遥远，且和自己毫无关系。的确，当我提出同居的担忧时，我的来访者通常会说："别担心，我只是在打发时间。"但锁定效应可能带来的影响不只是离婚；而向我表示后悔同居的来访者，也不只是珍妮弗。许多临近30岁的来访者或刚过30岁的来访者会对我说，他们希望自己当初没有选择同居，不然，那些不合适的关系或许只要几个月就可以断掉；结果他们在不合适的人身上"打发"了更多的时间，而现在他们只希望时光能够倒流。

还有的来访者的确遇到了合适的人，他们想要"执子之手，与子偕老"，但他们依然不知道同居是否对的选择。我想说，若是为了方便和省钱，而且彼此没有明确沟通过，那同居这个选择的确值得再商榷。如果说结婚的潜台词是"你就是对的人"，那么同居的潜台词更像是"你或许是对的人"。相较之下，同居所代表的承诺度和确定感的确逊色不少。

＊　　＊　　＊

任何事情都有好的一面，也有不好的一面；同居也是。不过，对于20多岁的年轻人来说，我们可以通过一些方式来规避同居"不好的一面"。其中之一，很明显，就是不同居。当然，考虑到实际情况，研究人员提出了另一种方式，即在同居之前先和你的伴侣聊一聊，看看他或她对于你们关系的承诺度有多高[19]；并在同居之后，时常进行类似的沟通。不同的人对于同居可能会有不同的理解。所以你需要清楚地知道，同居对于你的伴侣来说究竟意味着什么。

这种方式，对于你自己来说，同样适用。你可以时不时地问问自己：我为什么要和他或她在一起？有什么因素或许正在阻止我结束这段关系？我是因为遇到了对的人，还是因为没钱新租一套公寓，或新买一个沙发？而且请记住：测试感情的方式不只有同居一种。还有许多其他的方式，可以了解你们是否合适、是否相爱甚至是否合拍（下一章将详述）。

我并非想支持或反对同居。我想表达的是，20多岁的年轻人需要知道，同居无法帮你避免离婚或是糟糕的婚姻；与此相反，同居更可能让你走向歧途，或是浪费太多的时间在错误的人身上。而且，请记住：你若真想在婚姻上帮助自己，那最好的时机便是在你结婚之前。而如今，这个时机或许便是你同居之前及同居之时。

11. 彼此合拍

人们喜欢相似之人。

——亚里士多德，哲学家

当别人告诉你他们是怎样的人时，请相信他们的话。至少最开始如此。

——玛雅·安吉罗，作家

作为一名消防队员，伊莱每周一至周五上午 8:45 都会跟着大部队从旧金山湾区地铁站出发，一直巡逻至旧金山市中心。每次他走进我的心理咨询室时，都会穿着一条平整的卡其裤和一件干洗过的牛津衬衫，颜色介于淡蓝与海军蓝之间。

和许多男性来访者一样，伊莱是因为女朋友的要求才接受心理咨询的。他的女朋友认为伊莱参加社交派对太过频繁。在我们进行第一次心理咨询时，伊莱很尽责地向我报告了他女朋友的想法和要求。不过没多久，我发现他自己似乎也有一些想法。他时不时地在沙发上调整坐姿，并在手中不停地摆弄着自己的手机。

他对自己的想法似乎有点不安。有时，他会坐在那儿什么也不说。大多数来访者很不习惯这样的沉默，因为他们会感觉如坐针毡。但我可以看出伊莱是为我着想，才时不时重新开启话头，即使我实际上早已习以为常。

几个月后，伊莱以一种较为婉转的方式表达了他对他女朋友的看法：她不怎么爱笑。她似乎总有点闷闷不乐。她喜欢沉浸在自己的论文里，而不愿意和别人一起玩。有一次，伊莱带着她去见他的家人，她花了好久才和大家熟络起来。可即使这样，她也很少和大家一起开怀大笑，或是参与到紧张刺激的桌游里。这让伊莱颇为苦恼。伊莱甚至开始怀疑她是不是有点抑郁。每当伊莱谈到他女朋友的缺点时，他都会很快更正自己的表述，并提醒我她有多棒。他担心这样说会伤害她的感情，即使她并不在场。

伊莱和他女朋友认识没多久就在一起了，并开始固定的性生活。虽然他们彼此之间非常忠诚和亲密，但我并不觉得他们特别喜欢对方。心理咨询时，伊莱的女朋友基本上都在抱怨伊莱；而伊莱则小心翼翼地表达着自己对女朋友的看法和意见。他期望自己的女朋友爱玩爱笑，并能和家人朋友相处融洽。他期望自己的女朋友早晨起来之后元气满满，并能出门去公园跑个步。

"你喜欢你女朋友的哪一点？"我有一天问道。

"她很漂亮，而且我们在床上很合拍。"

沉默。

"伊莱，"我说，"床上合拍，不等于彼此合拍。"

又沉默。

在某个时刻，伊莱告诉我，他和女朋友打算一起去尼加拉瓜旅行。我的心中一阵兴奋。一起去陌生的国度旅行，是情侣之间所能做的最接近于结婚和养育孩子的事情。你们可以一同远足，或者享受美好的沙滩时光。你们还可以体验那些自己一个人绝不会去体验的冒险。但有一点是，你们必须共同进退，而且无法抛下对方。旅行时，你们的预算有限，而一切都那么陌生。你们可能遗失护照，也可能生病或是中暑。你们还可能因为玩腻了，而开始感到无聊。这个过程远比你想象中的更有挑战性。不过，我很开心，你们不只是宅在家里。考虑到伊莱并不打算在这次旅行中（比如在某个风景如画的瀑布前）求婚，那么他和他女朋友正好可以利用这次旅行来看看彼此是否真的合拍。

伊莱回来之后，一脸气馁。旅行中的压力让伊莱和他女朋友都表现出了更自我、更极端的一面。伊莱想去热闹的市中心逛逛，但他女朋友却想去看名胜古迹。伊莱想无所顾忌地花钱，但他女朋友却想控制预算。伊莱本想顺道去一趟哥斯达黎加，但没想到途中生病需要人照顾。在此期间，很明显他女朋友没有给他足够多的关怀和照顾。行程已经订好，花费也是共同承担的，所以分道扬镳并不容易。好多个夜晚，他们都是听着雨林里的猿啼鸟鸣，分床而眠。旅行后不久，他们便分手了。

*　　*　　*

伊莱和他女朋友需要"彼此合拍"。这里有两层含义：一是彼此相似，尤其是在某些重要的方面；二是合得来，彼此能真正喜欢对方。通常，这两点会同时出现。有时，我们会听别人说"异性相吸，同性相斥"。或许这在随意性关系的层面上是成立的。但在更多情况下，相似的人更容易相互吸引[1]。研究已反复证明，那些在诸如年龄、种族、智商、价值观、人生观、社会地位、经济条件、教育水平、宗教信仰、外表吸引力等方面彼此相似的伴侣，往往会有更幸福的关系和更低的离婚率[2]。

无论是正在交往的情侣，还是已经迈入婚姻的夫妻，他们的确在上述这些方面表现出了更多的相似性，这种现象被称为"选型婚配"（assortative mating）。研究表明，我们倾向于将自己与那些具有共同点的人进行配对。不过，这如何解释那些离婚的人？这如何解释伊莱和他女朋友？

这里的关键是，虽然人们的确很善于根据相对明显的特征将自己和别人进行配对，但这些相似之处或者这些相似之处的缺乏，是研究人员所说的"关系终结者"[3]，而不是"关系催化剂"。它可以让人们一开始选择在一起，但不能保证一直在一起。

而且，尤其是对于20多岁的年轻人来说，他们往往在爱情中经验不足，有的甚至还没谈过恋爱，这使得他们对于自己的关系终结者的认识并不深刻。在一项针对大学生（大部分为白人且为异性恋）的研究中[4]，在他们列举的短期关系的关系终结者中，前十名包括："有健康问题""有体味""不讲卫生""已经在一段关系中""容易生气或骂人""在床上不合拍""缺乏性吸引力""有多个性伴侣""不懂得照顾自己""有种族歧视"。值得注意的是，这些因素大多数都与一个人的外在有关，或在程度上表现得较为极端。它们关注的是这个人是否让人讨厌，无论是外在还是内在。

不过，当他们被问及对于长期关系的想法时，他们则开始更多地关注一个人的内在。同样地，长期关系的关系终结者中前十名包括："容易生气或骂人""正在和多个人交往""不值得信任""已经在一段关系中""有健康问题""酗酒或滥用毒品""不关心人""不在乎我的需求""不讲卫生""有体味"。当谈到长期关系时，他们则更多地关注对方是否好人，而较少关注对方是否好看或在床上是否合拍。

在另一项研究里（研究对象为全国 5 000 多名单身人士[5]，年龄从 21 岁到 76 岁不等），结果则更为多样。人们公认的关系终结者，前十名包括："外表邋遢或不整洁""懒惰""过于依赖""缺乏幽默感""住得太远""性生活不和谐""缺乏自信""太喜欢看电视或玩游戏""性欲低下""太固执"。你会发现，这不仅涉及一个人的外在及内在，还涉及一些很实际的因素。

当各个年龄段的人都被考虑在内时，一个人是否好看或在床上是否合拍依然占据一定位置。不过，其他因素同样变得不可忽视：对方是否幽默，是否懒惰，是否过于依赖，是否自信，是否容易相处，如何使用自己的休息时间，甚至还有地理位置上的远近。或许，有的听上去一点都不浪漫或是性感，但这就是现实生活。正如一位研究者所言，"抛开罗曼蒂克的爱情幻想，通常你的'另一半'就住在你开车可及的范围里。"[6]

从我过往 20 多年的心理咨询经历来看，大家分享的故事通常与研究结果一致。最开始，他们或许只是注意对方是否有吸引力，或者自己是否心动。后来，如果他们在这段关系中想要的不只是性爱，那么他们将把更多的注意力放在对方是否善良、是否容易相处上，他们开始注意到心中的爱意萌动。最后，相处的时间越来越久，他们更加关注彼此是否真的合得来。我开始听到他们在心理咨询室里谈论日常生活中的互动感受，以及他们是否看好这段感情。我说这些不是为了证明人们公认的恋爱过程——首先心动，然后相爱，最后喜欢——需要改变。因为判断自己是否真心喜欢对方需要共同经历许多事情，而这的确需要更多时间。

爱情和工作在某种程度上并无二致。对于许多 20 多岁的年轻人而言，他们更多地知道自己不喜欢什么，而不知道自己喜欢什么。或者说，他们更多地知道自己的关系终结者是什么，但不知道自己的关系催化剂是什么。"所以关系催化剂是什么？"我的来访者通常会问我，"有什么可以保证我们的关系一直持续下去？"很可惜，这个问题没有标准答案。

几十年来，心理学研究者试着总结出幸福关系的秘诀，但能总结出来的通常只是一些常识性的结论[7]。比如，那些更容易相处、更负责任或情绪更稳定的人往往会有更幸福的关系；那些更为开放或更有好奇心的人往往也会有更幸福的关系。但这只是开始，假如现在有一群负责任、容易相处、情绪稳定且更有好奇心的人在这里，是什么让他们选择特定的人，而非其他人？事实就是我们都是独一无二的个体，这个问题的答案需要我们自己去寻找，去回答。

这个寻找和回答的过程，正是我们在结婚前和不同的人交往甚至同居的意义所在。我们需要在这个过程中去了解对方，以及了解自己。当你发现和找到那个答案之后，接下来的问题则变成：你要如何面对这个答案？如果你发现自己并不喜欢正在交往的这个人，该怎么办？

*　　*　　*

在我为伊莱做过心理咨询的十年之后，29岁的马克斯来到了我的心理咨询室。那是2019年。那时，我正在弗吉尼亚州工作和生活；而马克斯和他的女朋友艾丽斯也正在弗吉尼亚州工作和生活。他们俩的事业都处于上升期。马克斯做财务，艾丽斯做公关。不过相较之下，马克斯对于自己的工作没那么满意。马克斯之所以接受心理咨询，是因为他想"聊一聊工作的事"。然而，从第一次心理咨询开始，马克斯聊的更多的就不是他的工作，而是他的女朋友。

"她长得还不错，但没有到超模的那种程度。"马克斯一开始如此评价他的女朋友。而我也注意到，马克斯自己虽然的确帅气，但同样没有到超模的那种程度。

马克斯和艾丽斯恋爱两年，同居一年。马克斯怀疑艾丽斯想在元旦前订婚，而这距离现在大约六个月。然而同居的日子让他们俩之间的分歧逐渐显露。马克斯表示，他原以为的和艾丽斯同居的感觉与实际上的感觉大相径庭。

"她不是我想象中的那种女朋友。"马克斯抱怨道。

我告诉他这一点很重要；而我想知道他想象中的那种女朋友是什么样子的，更进一步，艾丽斯是否知道他心里的这种想象。另外，我还想知道，他自己是否他想象中的那种男朋友。（就像我们大多数人一样，马克斯没怎么想过最后这个问题。）

在几次心理咨询中，马克斯向我吐露了他们爱情中的各种剑拔弩张。从心动到相爱，再到喜欢，恋爱的过程并不顺畅。同居后的夜晚和周末"原本充满了欢声笑语"，但现在则充满了各种分歧，尤其是争论谁在什么时候应该做什么。每一件看似微小的家务琐事，都在不断挑动着他们紧绷的神经：谁把用过的餐具放在了水槽里（艾丽斯），谁把用过的餐具直接放进了洗碗机（马克斯）；饼干应该如何烘焙；衣服应该如何清洗。这些或大或小的事情都可以成为他们彼此争论的由头。有的事情（譬如家里卫生一直拖着没人打扫）在他们请了一位保洁员每月上门打扫两次之后才得到了有效的解决；但有的事情（譬如谁来做饭、工作日可以喝多少酒以及周末谁会和朋友出去玩）解决起来则没那么容易。

马克斯面临的是理想与现实之间的落差。当他说艾丽斯"没有到超模的那种程度"或不是他"想象中的那种女朋友"时，他的言外之意是（无论他是否有意识到）他的心中存在一个理想的伴侣形象。这很正常。当我询问他对此怎么看时，他回应道："超模一样的女朋友"是他十多岁时的幻想，这一点他可以放下；但"日常生活中的摩擦"让他感觉最放不下，甚至是感觉愤怒。

"我原以为她更愿意支持我工作。"马克斯的语气中带着明显的沮丧。这段对话发生在某个工作日的午餐时间。

我问他"更愿意支持你工作"指的是什么。

"我的爸妈就是一个团队。"马克斯强调，"我爸工作特别努力，他自己开公司，而我妈会在公司里协助我爸。而且我感觉我妈会在家里做更多事情，这样我爸就可以把更多精力放在工作上。我工作了一整天，然后回到家，结果发现还有一堆家务没做，而艾丽斯对这些根本都不在意。有时候她直接就出门了，什么也不做。我爸妈不会这样。就像我说的，他们是一个团队。"

"你的爸妈的确听上去像一个团队，"我说，"但团队的合作方式不止一种。爱情也一样。我所知道的伴侣里，有的双方都上班，他们在不同的公司每周工作 50 小时；而有的决定其中一方留在家，另一方出去工作。有的是单一性伴侣；而有的是多元性伴侣。有的住在一起，还有的分居……"

"我觉得她根本就没有把我放在第一位，"马克斯继续说，仿佛我的话是耳旁风，"她总是忙自己的工作，自己的爱好。她对于工作的热爱甚至让我感到嫉妒。但我们有了孩子之后呢？她要怎么平衡我的需求和孩子的需求？尤其是她工作还这么忙。"

你或许会认为马克斯的这种想法过于传统，或只限于像弗吉尼亚州一样的地方，但事实并非如此。2015 年，波士顿的一项研究指出 [8]，异性恋群体里存在着男女分工上的悖论：虽然大家普遍会在意分工上的平等，但实际上并未百分之百做到，尤其是在涉及孩子时。这项研究调研了 1000 多名年轻人，年龄跨度为 22 ～ 35 岁，且全部就职于全球前五的公司。结果显示，大约三分之一的新晋爸爸认为自己的伴侣应该负责家中的主要事务，包括照顾孩子；就像马克斯一样，他们想要那种传统的分工模式——男主外，女主内。而另外三分之二的新晋爸爸表示，他们想和自己的伴侣平等承担家庭事务。不过，这里的悖论在于：只有一半的人能真正做到这点。（虽然如此，我在这儿还是想为这些爸爸们说几句公道话：就像女性往往会被看作孩子的主要照顾人，男性往往会被视为家里的主要经济来源[9]，这反倒给许多男同胞带来了更多的工作压力。）

在前面的章节里，我们提到，凯茜所在的环境并非她父母描述的"后种族社会"。同样地，我们所在的环境也并非我们所想象的那种"后性别社会"。（这一点来自我读博士研究生期间在临床心理学及性别领域的研究成果。）从目前来看，社会中的性别规范正处于转型期间，新观念与旧观念依然并存。这意味着伴侣们需要开诚布公地讨论彼此对于性别角色的认知和期待，而不是把它视为理所当然。对于这一点，异性恋伴侣应该从同性恋伴侣身上好好学习。研究显示，在没有明确性别规范来划分家中事务的情况下，同性恋伴侣会彼此沟通谁在什么时候做什么[10]。相较之下，异性恋伴侣则往往会落入关于他们原生家庭、所在社会及媒体未宣之于口、未加审视的性别规范里[11]，而不是一起坐下来相互讨论每个人到底想要什么。

在抱怨完艾丽斯工作忙，没办法平衡工作和家庭后没多久，马克斯似乎有点难为情。"我可能这么说不太好，"他语气里带着歉意，"你说得没错，我们的关系的确需要改进。"

　　"你们的关系是否需要改进不是我说了算，马克斯。爱情没有标准答案。最重要的是你们能否在理想和现实之间达成一致。从你所分享的信息来看，要么你调整你的期望，要么艾丽斯调整她的期望；要么你俩都开始寻找新的伴侣。这个世界上会有人和你期望同样的爱情，但艾丽斯似乎不是这样。"

　　"你说得没错，"马克斯叹气道，"我记得有一天她对我说，她不想当我的保姆。"

　　"你听进去了吗？"我问。

　　"什么意思？"马克斯问。

　　"似乎艾丽斯的话、我的话甚至你自己说的话，你都没有听进去。你说艾丽斯不是你想象中的那种女朋友，但她很清楚地告诉你，她不想成为你想象中的那种女朋友。她告诉了你她是怎样的人，你并不喜欢，但你似乎并不相信她的话。因为你们俩现在生活在一起，而且马上就要30岁了，结婚似乎是你们俩预料之中的结果。"

　　"那我该怎么办？"

　　"你最好和艾丽斯谈一谈，而不是和我谈。"我说。

12. 二十九问

沟通是爱情里的氧气。

　　　　——莫提默·艾德勒（Mortimer Adler），哲学家

婚姻就像一场漫长的对话，而争吵夹杂其间。

　　　　——罗伯特·路易斯·史蒂文森，作家

　　一段长期的关系就像一门持续不断的沟通与谈判课。如果你和你的伴侣走得够远，那么随着时间的流逝，你们将与对方进行无数次沟通和谈判。今晚谁来做饭？房间是涂灰色还是黄色？我们是养猫还是养狗？这个夏天我们要去哪儿度假？今天谁要留在家里照顾生病的孩子？年终奖要怎么花？我们要把孩子送入公立学校吗？今天看什么电影？我们要买什么样的车？今晚还做爱吗？孩子在几岁之后可以使用手机？不同的伴侣在一天之中或一生当中可能会问到的问题，无法在这全数列出。不过，有一些最基本的话题是我们可以提前列出并思考的，而这些话题，往往便

是婚姻中那些争吵与不和的源头。

本章内容看上去有点像"婚前提问清单"，实则不然。原因如下。首先，通常来讲，当情侣们到了"婚前"这个关头时，他们已经决定要迈入婚姻的殿堂。婚礼的喜悦，蜜月的甜蜜，已经在他们的脑海中多次上演。一旦结婚的想法出现，就很难停下来；无论你的伴侣有什么想说的，但还没有说。

当然，这些话题以后再说也不晚，但我会说，越早越好。如果你已经在一个人的身上投入了一年时间，并打算再投入一年，那么为什么不去和这个人谈一谈，你希望自己未来在爱情中扮演怎样的角色？而不只是谈论明年万圣节你想扮演怎样的角色。请记得：你若真想在婚姻上帮助自己，那最好的时机便是在你结婚之前。同样地，对你来说，谈论这些话题的最佳时机，便是趁着这些话题尚未演变成婚姻中的争吵和不和之前。

其次，下面这些问题，更多的是为你和你的伴侣提供对话的话题和机会。这二十九问并非简单用来考验对方的问题清单，而是借由这些问题让你和你的伴侣开启真正深入内在的对话。除此之外，还有你和你自己之间的对话。因为选择对的人，不仅在于了解对方，还在于了解自己。

所以，这里面会有许多问题邀请你探索你对爱情、家庭和工作的期望与幻想，以及它们从何而来。就像马克斯一样，我们在前一章提到过，许多20多岁的年轻人因为原生家庭的影响，而对于婚姻应该如何有一些未曾说出口的期待和假设。并非所有人都想要和自己父母一样的婚姻，而有的人还相当坚决地表示，不想要和自己父母一样的婚姻。因此，清晰地说出你想要什么，并清楚你的伴侣想要什么，变得格外重要。

当然，想做到这一点，需要时间。我不建议你们一次性就聊完所有话题。如果你和你的伴侣正在考虑让彼此的关系更进一步或者再投入一年时间，那么不妨以一个月为期：每天晚上吃饭时或散步时选择一个话题来聊一聊。如果这听上去工作量有点大，或者你感觉你的伴侣不想谈这些话题，那么我会把这个看作"你们或许还没准备好更进一步"的证据。婚姻（无论是什么结合方式）本身工作量就大，而且请记得，这将是你做出的最重要的决定。你难道不想和对方好好聊一聊？

当你进行这些对话时，我想提醒你：如果你决定和这个人一辈子在一起，那么请注意，未来你们的关系很可能会出现一道分水岭。对大多数人而言，这道分水岭不是"婚前"和"婚后"，而是"生孩子之前"和"生孩子之后"。对许多二三十岁的人，尤其是之前同居过的情侣来说，婚前和婚后生活在某种程度上其实并无二致。当然，多亏了结婚注册，所以你有了更精致的厨房用具来做饭，或更舒服的床单来享受性爱。但在"生孩子之前"，你们依旧是想做饭就做饭，而不用为了孩子而勉强自己。在"生孩子之前"，你们依然会享受性爱，而不会因为太疲惫或为孩子劳心劳力而没有力气或心情。在"生孩子之前"，你们有着大把的时间甚至大把的金钱，可以到处旅行，享受生活。简单来讲，在"生孩子之前"，你们没有那么多可以争吵和不和的事。

但在"生孩子之后"，一切都变了。

许多人在思考下面这些问题时，仅仅是考虑到结婚的情况或其他结合的方式，而没有把"生孩子"这件事考虑在内。为什么要考虑？研究显示，在"生孩子之后"人们对于婚姻的满意度会迎来最大的一次下降[1]，而在孩子读大学或离开家之后，又将迎来最大的一次回升。这是否意味着不生孩子会是一个更好的选择？也许吧。但对于许多人来说，孩子虽然是婚姻中争吵和不和的导火索，但也是他们生活中快乐和意义的源泉[2]。研究还显示，在这里，真正重要的不是孩子所带来的那些争吵和不和，而是伴侣之间如何处理这些争吵和不和[3]。

所以，你会注意到，下面许多问题都会提及"生孩子之后"的情况。如果你和你的伴侣已经决定不要孩子，那么你们可以忽略相关的问题。如果你感觉结婚也好，生孩子也罢，对你来说都还为时尚早，那么请你继续看下去。当你未来不只是挑选性伴侣，而是开始选择你的家庭时，这些问题将会帮你进一步思考：除了性之外，你对于伴侣的要求和期望究竟是什么。和谐的性生活的确很重要，但它只是下面29个话题里的一个。而且，这些问题不仅可以帮你思考你对于伴侣的要求和期望，而且可以帮你厘清你对于自己的要求和期望——你自己可以如何成为更好的伴侣。

最后，随着提问的进行，你或许会问："在多少问题上我们双方可以存在分歧？或者说，在超过多少个问题上存在分歧就代表不及格？"很遗憾，这个问题没有标准答案。不过，一般来讲，如果你们在这些问题上意见越一致，或者越能接纳对方意见的不一致，那么你们的关系会越满意、越幸福。相反，不接纳对方意见的不一致，则更容易滋生关系中的不和与争吵。不妨将这些问题看作你们未来生活的预演以及未来幸福程度的衡量指标，你现在所看见的、所听见的、很可能就会是你未来所得到的。

*　　*　　*

（1）你如何看待婚姻？你想结婚吗？或者你想要其他的结合方式？婚姻对你来说意味着什么？你觉得约会和婚姻有什么区别？婚姻中有什么让你心生向往，有什么让你感到恐惧？你想要什么样的婚礼？

（2）我让你成为更好的自己了吗？我在什么时候会让你展现出最好的一面？

（3）你有宗教信仰吗？你会定期（或曾经）参加宗教活动或宗教仪式吗？你从小信仰什么？你希望我们的孩子也有宗教信仰吗？你的父母对此有什么想法或期待？

（4）我们如何管理金钱？你想把两个人的钱放在一起吗？如果我们当中的某一个比另一个挣得更多，或者有更多债务，那该怎么办？我的钱是你的钱吗？你的钱是我的钱吗？我的债务是你的债务吗？你的债务是我的债务吗？如果我们银行账户相互独立，你怎么看？你会把钱用在什么地方？我们在进行一定金额的消费之前，需要先征询对方的同意吗？我们是每周或每月沟通财务情况，还是让一个人主管"财政大权"？我们什么时候开始理财，譬如进行储蓄或投资？我们如何学习理财？你想签订婚前协议吗？

（5）你想生孩子吗？如果想，你想生几个？什么时候生？你想结婚后不久就生，还是过几年再生？你考虑过领养吗？

（6）你对我们的性生活有什么想法？在性生活里，什么对你管用，什么对你不管用？有什么是你想尝试的，有什么是你绝对不会尝试的？你是倾向于单一性伴侣，还是多元性伴侣？你看色情片吗？如果看，多久看一次？如果我不希望你看色情片，你愿意或能够为我不再看吗？在一段关系里，性对于你来说有多重要？你期望的性爱频率是怎样的？如果有一天我们的性需求发生了变化，我们应该怎么办？

（7）我们的政治观念一致吗？如果不一致，我们在乎这一点吗？

（8）你期望的职业生涯是怎么样的？你的短期职业目标是什么？你的长期职业目标是什么？你是倾向于全职还是兼职？假如我们都工作，会出现一个人的工作比另一个人的工作更重要的情况吗？如果会，那会是谁的工作？为什么？你愿意为了我的工作而搬家吗？生孩子对我们的工作会有什么影响？我们当中会有人愿意为孩子而减少工作上的投入吗？我们如何决定那个减少工作投入的人？

（9）你在性别角色上的想法是什么？你在回答这些问题时，在多大程度上受到了传统性别角色的影响？在你家，你的父母分别扮演什么样的角色？这在多大程度上影响了你自己对于家庭和工作的想法？

（10）你想成为什么样的父母？在养育孩子方面，你想投入多少时间和精力？你打算休多长时间的产假或陪产假？你会给孩子换尿布吗？在孩子小时候，是我们当中一人或两个都在家照顾孩子，还是把孩子送到托儿所或请一位保姆？在孩子上学后，会有人负责接送和带孩子参加课外活动吗？如果会，那会是谁？你会帮孩子辅导功课吗？你会参加家长会吗？你会给孩子准备生日礼物和过节礼物吗？你会开车带孩子参加运动会或其他活动吗？在你小时候，你的父母在你身上分别投入了多少时间和精力？你是想延续你父母的做法，还是做出一些改变？

（11）谁负责做饭？是由我们当中某个人主要负责做饭和买菜，还是分摊？你现在会做饭吗？如果不会，你打算什么时候开始学？在你小时候，你家主要是谁来负责做饭？

（12）家务如何处理？你对于家中整洁程度的要求是怎么样的？你是倾向于极简风，还是乱一点也没关系？像洗衣、吸尘、拖地、打扫厨房或浴室这样的家务，我们如何分工？多久进行一次？院子里的活儿呢？你想雇人来做这些家务吗？

（13）你期望的生活水平是什么样的？你小时候喜欢（或不喜欢）的生活水平是什么样的？你小时候住在什么样的房子和街区里？你小时候的假期和周末是怎么度过的？你希望自己的孩子也这样吗？你是倾向于把钱花在物质上，还是花在体验上？你有足够的钱来支持你所期望的生活方式吗？或者说，你期望你的伴侣（或父母）来提供帮助吗？

（14）你的家人和亲戚将在我们的生活中扮演怎样的角色？你和你的家人亲密吗？你会如何对待他们？你这样对待他们，是否意味着你也会这样对待我？你期望多久见一次你的父母和（或）兄弟姐妹？你希望住得离他们近一点吗？我们的假期如何度过？是和你的家人一起度过，还是和我的家人一起度过，抑或是和（不和）他们一起度过，或者糅合几种方式？你有什么家庭传统想继续保持？在我们生了孩子之后，你对于上述问题的回答会发生改变吗？对你来说，我们和孩子所组成的小家庭相比于家人、亲戚所组成的大家庭，哪个更重要？

（15）我们如何处理矛盾？当我们发生矛盾时，我们要如何处理？如果我们在孩子面前发生矛盾，我们又要如何处理？如果你不开心，你会有哪些反应？如果我们当中某个人对婚姻感到失望，我们应该怎么办？你愿意接受婚姻咨询吗？你对于离婚怎么看？为什么这么看？

（16）我们如何为爱情保鲜？有哪些方式可以为我们的爱情保鲜？我们如何安排两个人独处的时间？是每周一次的约会、每月一次的出游或每年一次的度假，还是糅合几种方式？当我们发现这些方式没有被执行，或者时间、金钱都有限时，我们该怎么办？

（17）你期望的未来是怎样的？5年、10年或20年之后，你期望自己成为什么样的人？那时的你和那时的我是否还合得来？

（18）你想住在哪儿？你想住在市区还是郊区？你想靠近大自然还是体育馆？你想住单元公寓还是独栋别墅？你想找一个地

方安定下来还是愿意四海为家？你是想住得离你家人近一点还是离我家人近一点，或者两者都不选？在我们生了孩子之后，你对于上述问题的回答会发生改变吗？

（19）你为什么喜欢我？到目前为止，你喜欢我们共同生活中的哪些方面？我身上有什么特点会让你不再去找别人？

（20）旅行对于你来说有多重要？什么样的旅行是你想要的或不想要的？如果是我们俩一起旅行，这个问题你会如何回答？如果是一家人出去旅行，这个问题你又会如何回答？你有没有一份必须打卡的旅行"遗愿清单"？或许现在谈退休还为时尚早，但如果邀请你想一想退休之后的生活，你是想出去冒险旅行，还是在家欣赏落日？

（21）你会如何打发你的空闲时间？你理想中的周六或周日是怎么样的？你的爱好或个人兴趣是否会影响到我（譬如需要我投入时间或金钱）？你想要多久的沙发时间？在我们生了孩子之后，你如何应对空闲时间的减少？你觉得我们应该拥有平等的空闲时间吗，即使在我们生孩子之后？

（22）你曾经背叛过你的伴侣吗？如果背叛过，是什么时候的事？为什么？你会背叛我吗？

（23）你是否健康？你的饮食习惯是怎么样的？你平时锻炼吗？你有什么健康问题或心理问题是我需要知道的吗？你喝酒吗？你吸毒吗？在我们生了孩子之后，你对于上述问题的回答会发生改变吗？如果我们对于上述问题的回答感到不舒服，我们该怎么办？

（24）你觉得我们需要时时刻刻在一起吗？如果我自己一个人出去吃饭喝酒，你会不开心吗？如果我周末想和朋友一起过，你会感觉不舒服吗？如果我和别人一起旅行呢？你想要或需要多久的独处时间？

（25）什么能让你感到开心？你最开心的时候是什么时候？为什么？你如何让自己开心起来？你有什么习惯或爱好，来让自己感觉良好？有什么会阻碍你去做这些事吗？我可以为你做些什么？

（26）什么能让你感觉被爱？我可以做些什么，来让你感觉被爱或被关心？

（27）一天的劳累之后，你最需要什么？你如何释放压力？我可以为你做些什么？

（28）有什么问题是我应该问但没问的？

（29）有什么问题是你想问但没问的？

大脑与身体

THE DEFINING DECADE

13. 为未来着想

> 虽人生只能于回首往事之时明了来路，但未来必于
> 披星戴月之中一苇以航。
>
> ——索伦·克尔凯郭尔，哲学家

大脑越用越聪明。
——乔治·A. 多尔西（George A. Dorsey），人类学家

1848 年，25 岁的铁路工人菲尼亚斯·盖奇[1]在美国佛蒙特州铺设拉特兰至伯灵顿的铁路时发生了一起意外。那是 9 月 13 日，星期三。他和他的工友们正在进行岩石爆破、平整地面。盖奇的工作是在岩石中钻一个孔，并在里面填满炸药，再覆盖沙子；接着用捣锤进行加固，最后以导火线引爆。盖奇用的那根捣锤从外观上看是一根长约 0.9 米的金属棒，尖端宽约 0.6 厘米，而尾端宽约 2.5 厘米。

下午 4:30 分，菲尼亚斯·盖奇如同之前无数次一样钻了孔，填满了炸药。但这一次，他忘了放沙子。就在他用捣锤加固炸药

之时，金属和岩石之间的摩擦不小心产生了火花，点燃了炸药。在巨大的爆炸声之中，那根捣锤直接脱手而出，并从他左颧骨下方刺入，经左眼窝后穿透头盖骨，从上方猛地飞出。

意外过后，盖奇既没事，也有事。让他的工友们非常意外的是，盖奇居然还活着，而且还能说话。后来，他坐着牛车到附近镇上，颇为愉快地对当地的医生说："我这个情况够您处理了。"尽管 19 世纪中叶，科学家对大脑的工作原理还不甚了解，不过大家知道，它对于人体的生命活动至关重要。而现在头上顶着窟窿的盖奇行走坐卧一切如常，还能与人交谈，堪称神奇。后来，盖奇接受了哈佛医生的治疗和检查，并去纽约市及新英格兰地区，讲述自己的经历，一饱人们的好奇之心。

随着时间的推移，有一点变得愈发明显，即盖奇并非完全无碍[2]。他身边的人对他的幸免于难印象深刻。但过了一段时间，他们开始注意到盖奇的行为举止与以前不再相同。发生意外前，盖奇是"讨人喜欢"的朋友、"高效能干"的工人，并且"性格温和""举止得体"。但发生意外后，盖奇性情大变，他不仅说话口无遮拦，做事毫无顾忌，而且对于未来计划也突然间变得举棋不定、犹豫不决。他的医生总结道，"他的理性与动物性之间的平衡似乎遭到了破坏。"他的朋友和家人也表示，他像是变了个人似的，"已不再是原来的盖奇"。

从盖奇的例子中我们可以看到，虽然大脑位于前端区域，与生命活动（如呼吸）或许没有太大联系，但它却与我们的行为方式息息相关。不过，100 多年以后科学家才揭开其中的原理。

*　　*　　*

盖奇事件之后，科学家开始争相研究大脑构造。但进行与人体相关的研究并不容易。就像菲尼亚斯·盖奇的例子，医生不得不依赖各种后置性的事件、病症和验尸报告。不过，自20世纪70年代磁共振成像（MRI）技术诞生之后，这一切变得简单许多。现在，医生和科学家们可以在活人身上进行检测和研究，因此可以更好地了解大脑构造及其工作原理。

我们现在知道，大脑的发育是自下而上、从后向前的。这个顺序反映了不同大脑区域的进化年龄。大脑中最古老的区域——同样存在于人类祖先以及动物近亲的区域最先发育。它们位于大脑底端，近脊椎，控制着我们的呼吸、感觉、情绪、性、愉悦、饥渴和睡眠。换句话讲，控制着菲尼亚斯·盖奇所保有的"动物性"。粗略地讲，这些区域是我们的"情绪大脑"。

而大脑最前方的区域——字面意义及比喻意义上的"前方"，也就是额叶，刚好位于我们的前额。额叶是人类大脑进化过程中最晚出现的部分，也是我们大脑中最晚发育成熟的区域，素有"最高决策中心""文明发源地"的称号。它是逻辑和判断诞生的地方，也是我们进行高阶思考的地方，譬如风险预估及理性决策。它还是我们用以调节情绪大脑活跃状态的地方，以"冷静"的理性平衡着"燥热"的情绪。与此同时，我们若有意识地改变自己的习惯或旧有的无意识的行为方式，也需要依靠这块区域。

值得一提的是，我们大脑中处理概率、时间和不确定性的区域同样位于额叶。它让我们不仅为现在考虑，而且为未来着想。它让我们得以屏蔽掉情绪大脑的喋喋不休，从而理性地预估自我行为可能带来的结果及影响，并为明日做打算，尽管一切未知。而位于大脑前方的额叶，正是我们进行前瞻性思考的地方。

在现代，人们对额叶受损的患者[3]开展了广泛的研究。研究发现，他们虽然智力完好，能够处理具体的问题，但在个人决策及人际互动上表现出显著的缺陷。他们在与朋友、伴侣相处时，会做出违背自己最大利益的决策和行为。他们很难理解抽象的目标及相应的实现步骤，并在计划未来上面临巨大困难。如果这些听上去很熟悉，那并不意外。随着现代科学的进步和对于大脑构造的研究，菲尼亚斯·盖奇的经历已不再是谜。但在 19 世纪中叶，这些依旧如同天方夜谭——有人在脑部受损后，居然能"生龙活虎"地讲述自己的经历；而这样的经历为他带来了某些不一样的变化。如今，我们明白，那根捣锤所刺穿的大脑区域是菲尼亚斯·盖奇的额叶部分。因为额叶受损，所以他才从以前的温和得体、做事高效，变得鲁莽无礼、犹豫不决。

*　　*　　*

20 多岁的年轻人或许没有什么理由来关心菲尼亚斯·盖奇或是大脑额叶，若不是这个相对较晚发现但已被广泛接受的事实：额叶的成熟期会一直持续到 20 岁至 30 岁之间的某个年龄[4]。这一发现来源于科学家以健康的青少年及 20 多岁的年轻人为对象，所进行的无数次大脑磁共振成像扫描和研究。这意味着我们 20 多岁时那个冲动的、燥热的、寻求愉悦感的情绪大脑已然就位，但那个理性的、冷静的、为未来着想的额叶尚在发育。

当然，20 多岁的年轻人并非大脑有问题，而是因为额叶正在发育，所以可能呈现出心理学家所说的"不均衡"的情况。许多来访者曾经沮丧而迷茫地对我说，自己毕业于名牌大学，但不知道要如何开启自己的职业生涯；或是无法理解自己为什么能够做到以优秀毕业生的身份在毕业典礼上致辞，却无法决定自己要和谁交往，以及为什么和这个人交往；或是感觉自己不够好，明明得到了一份还不错的工作，却无法在工作中让自己冷静下来；或是实在想不通那些在学校中明明不如自己的人，如今却在人生的赛道上跑在了自己前面。

这体现的是不同的能力要求。

在学校里名列前茅，代表的是你在有限时间里，解决问题和找到正确答案的能力。而作为一名为未来着想的成年人，这考验的是你（尤其）在面临不确定性时，如何思考甚至是应对的能力。额叶不只是让我们更为冷静和淡然地处理人生中的各种问题，并于一团乱麻中寻得线索与出路。成年人的困境——选择哪一份工作、在哪里定居、和谁结婚、什么时候生孩子——这些问题没有正确答案。额叶所带给我们的是放下对正确答案的执着，放下非黑即白式的思考，而学着去接纳黑与白之间不同程度的灰，学着与可能性共舞。

额叶成熟较晚，似乎是一个推迟行动的不错理由：不如等到30 岁再开始自己的人生。最近，甚至有新闻报道，20 多岁的年轻人或许应该得到某种特殊的待遇[5]，毕竟他们的大脑还在发育。但事实上，任何的等待和推迟都只是徒劳。

为未来着想的能力并非随着年龄的增长而自然获得。真正浇灌它的是大量的练习和经历。这便是为什么有些人 22 岁便能做到淡定自若，懂得为未来着想，与未知共处，而有些人即使到了34 岁，依旧无法掌控自己的人生，如水上浮萍，任由大雨滂沱。为了进一步理解不同的人在额叶发育上的差异，让我们一起来听一听菲尼亚斯·盖奇后来的故事。

*　　　*　　　*

菲尼亚斯·盖奇之后的经历在外界的大肆渲染下逐渐褪去真实的色彩。在教科书里，他经常被刻画成失败者的形象或逃到马戏团的怪物，再也不曾回归正常。盖奇的确在美国巴纳姆博物馆展出过那根捣锤及他自己。但更为重要的也更鲜为人知的是在他曾在新罕布什尔州和智利做过好几年的马车夫，而这发生在盖奇因接连不断的癫痫去世之前，也就是意外发生后的近 12 年里。作为车夫，他每天早起备马和马车，凌晨 4 点启程，载着乘客在崎岖不平的路上长途跋涉，心中记挂着遥远的终点。这和"盖奇成了失去理智的懒鬼"的说法完全相悖。

历史学家马尔科姆·麦克米伦（Malcolm Macmillan）认为，

菲尼亚斯·盖奇作为车夫的经历类似于某种"社交放松"[6]，让大脑额叶重新学习那些在意外中所丧失的技能。日复一日的车夫工作让盖奇开始重拾理智及对未来的计划能力。

因此，菲尼亚斯·盖奇的例子向医生们所展现的，不仅是大脑区域功能的早期资料，而且也是大脑可塑性的早期证据。盖奇的社交放松及后来无数的大脑研究表明，大脑会根据外在的环境和经历而发生改变。这对于正在经历大脑第二次（也是最后一次）生长高峰期的 20 多岁的年轻人而言，尤为重要。

在这个阶段，大脑在脑容量上已达高峰，但神经网络的连接仍在进一步完善。大脑内的信息传递依靠的是上千亿个神经元之间的连接，而每个神经元可以产生成千上万个不同连接。信息传递的快速和高效在大脑里至关重要，这也是大脑两次生长高峰期的最终目标。

第一次生长高峰期出现在出生后的 18 个月里。婴儿的大脑中制造出大量的神经元，数量之多，远超实际所需。其目的在于为即将面临的任何生活环境做准备，比如学会所在环境的任何一种语言。这也是我们如何从一岁多的牙牙学语、词汇量不足 100 个，长到六岁多，学会了说话，词汇量超过 10 000 个。

不过神经元的大量生长使得神经网络过于拥挤，造成认知上的低效，不利于婴儿对环境的适应。这便是为什么像海绵一样吸收周遭信息的小孩子说话却结结巴巴，难以流利地连词成句，或在穿鞋之前，忘了穿袜子。过量的神经元，带来的既是无穷的可能性，也是数不尽的麻烦。所以在第一次生长高峰期之后，为了让神经网络更高效，大脑将会迎来所谓的神经元"修剪"。即在随后的年岁里，大脑将那些得到使用的神经元和连接加以保留，而将那些不用的加以修剪，或让其自然死亡。

在很长的一段时间里，科学家们曾认为，随着大脑神经网络的持续完善，这样的神经元修剪将以线性的方式贯穿一生。但在20世纪90年代，美国国家心理健康研究所（National Institute of Mental Health）发现[7]，大脑在发育过程中会经历第二次生长高峰期，始于青春期，而在20多岁时结束。神经元再一次热热闹闹地生长，无数连接生发，我们学习新东西的能力呈指数级增长。不过，这次的学习不再是关于说话或是穿袜子。

*　　*　　*

在第二次生长高峰期中，大多数新产生的神经连接都发生在额叶[8]。同样地，大脑所做的准备远超所需；不过，这次是为了不确定的成年生活做准备。第一次生长高峰期或许是为了语言学习，但根据进化理论，这一次则是为了应对成年生活中的种种复杂挑战：如何找到自己的职业领域；如何选择伴侣并和伴侣相处；如何做父母；以及如何为自己的权益据理力争。最后一次生长高峰期如同冲刺一般，为我们的成年生活打下神经基础。

但这是如何做到的呢？

这和小孩子学说英语、法语、汉语或加泰罗尼亚语的方式一样。说哪一种语言，取决于其所在的环境。我们20多岁时，对周遭环境同样非常敏感。如果一切顺利，我们将会从自己所在的环境中学到所需要的知识和技能。

20多岁时，我们上过的学让我们储备知识，积累经验，掌握技能，为未来的职业生涯做准备；20多岁时，我们做过的工作让我们在职场上磨炼自己，学着调节自己的情绪，学着处理工作中复杂的人际关系，而这些将构成我们成年生活的常态；20多岁时，我们谈过的恋爱让我们理解爱、懂得爱，并以更好的自己迈入婚姻的殿堂或形成其他伴侣关系；20多岁时，我们做过的计划让我们知道如何未雨绸缪，如何朝未来迈进，如何将目光放得长远；20多岁时，我们遇到过的挫折让我们有了成长的肥料，变得勇敢，变得坚毅，不怕面对和伴侣、和老板、和孩子之间的矛盾或冲突。我们甚至知道，20多岁时，更多的朋友，更大的社交网络，将有助于我们大脑的发育和成熟[9]，因为会遇见更多不一样的人，了解更多不一样的人生。

"一起放电的神经元会串联在一起。"[10]正如所言，我们所从事的工作、所交往的对象将我们的额叶重新串联，而相同的额叶反过来也会影响我们在周一上午的办公室里或在周六晚上的派对上做出的每一个决定。如此来回，工作、爱情和大脑在20多岁时相互交织，相互影响，让我们慢慢成为30岁及之后自己想成为的样子。

情况也可能正相反。

20多岁是我们大脑发育的最后关键时期，正如一位神经学家所言，"蕴含着巨大的机会，以及巨大的风险"[11]的时期。当然，

20 多岁之后，大脑依旧具有可塑性。只是往后余生，这样的机会不再。我们的大脑不再能生发出无数新的连接，看看它们将会孕育怎样的可能；我们不再能如此快速地学习和吸收新的知识和信息；我们不再能如此轻松地成为我们想成为的人。所以，无论你此刻想做出怎样的改变，或想成为什么样的人，20 多岁正是时候。真正的风险在于你不去行动。

按照"用进废退"的原则，那些被使用的新的额叶连接将被保留和强化 12，而那些不被使用的则会在修剪中被淘汰和舍弃。我们每日的所见所闻所做塑造了我们如今的模样，而那些未见未闻未做将不会融入我们的血肉。而这在神经科学里被称为"最忙者生存"（survival of the busiest）。

那些敢于踏入"真实世界"，在真正的工作和关系中磨炼自己的年轻人，正使用自己的大脑学习成人世界的语言，而他们的大脑也为此做足了准备。我们将在接下来的几章看到，他们关注自己使用时间的方式，换言之，自己塑造大脑的方式。他们学着让自己在工作和爱情中冷静下来，从而收获更多的成功和幸福。他们努力跟着人生的舞步，在自己的节拍中寻得更多的自信和快乐。他们计划着未来，描绘着自己想要的一切，在一步步坚实的脚印中让人生最美丽的年华活得不辜负。而那些 20 多岁时不去尝试、不去磨炼、不使用自己大脑的人，等到了 30 多岁，发现自己无论事业还是家庭都落于人后时，将徒剩叹息，时光已然不再。

当未来的不确定性如巨浪般扑来时，我们很容易就想回到朋友或家人的怀抱，想等到自己的大脑发育成熟之后，人生的各种难题自然也有了答案。但是很抱歉，大脑不是这样运作的。人生也不是。而且，就算我们的大脑可以等，爱情和工作也不可以等。20多岁正是忙起来的时候；20多岁正是使用大脑的时候。20多岁，即使面对未知，也要踏浪而行。

14. 一项社会实验

过好现在就是过好未来。

——西藏谚语

我的治疗始于对生活的关注。

——奥普拉·温弗瑞，媒体大亨

2020 年，我有幸在"海上学府"（Semester at Sea）授课。我和 500 多名你所能想象到的最好学、最积极、最热情也最可爱的 20 多岁年轻人一起在大海上环游世界，并沿途学习。我们的行程从圣迭戈开始，途径三大洋以及十多个不同国家，最后抵达阿姆斯特丹。这一路，我们一起吃，一起住，一起学习，一起笑，也一起旅行。这段经历可以说是体验式教育的最佳体现。

总的来说，学生们参加"海上学府"是为了跳出自己的舒适圈。不是所有人都敢在船上待这么久，因为明知道上去之后就下不来（至少没那么容易，或没那么快）；不是所有人都敢和不认识的人挤在狭小的船舱里，生活起居都在一起；也不是所有人都敢去陌生的国度旅行，毕竟文化不同，语言也不通。而且，这一切都发生在离家千万里的遥远异地。文化冲击在这是家常便饭，也在预料之中，从某种程度上说，这也是学生们所期待的。他们想通过了解他人来了解自己；他们想通过接触不同的生活方式和思维方式来反思自己的生活方式和思维方式。

不过，让许多人没有想到的是，他们在途经太平洋时便遇到了第一个文化冲击——没有互联网。我们从圣迭戈启程后，朝着日本驶去，这中间是为期三周的太平洋航行之旅……而这期间几乎完全没有互联网。一天当中，大家只有 10 分钟的时间可以连上 WiFi。然而即使连上 WiFi，也如同龟速。

这对于现在 20 多岁的年轻人来说可是一件大事。因为互联网、WiFi 和电子设备对于这些网络原住民（digital natives）来说，就像自来水、电力或汽车一样，是他们生活的必需品。所以对于许多年轻人来说，没有互联网这件事所带给他们的学习和成长，不亚于在日本禅修中心学习冥想，或在越南湄公河三角洲参观纺织村落。这让他们不得不重新思考那些习以为常的生活方式。

我有一位学生非常精辟地总结道，这段航行就像某种"社会实验"。它不是那种科学实验——实验对象随机挑选，或设有对照组。在这里，没有人收集数据，也没有人分析数据。在这里，学生们只是按照某种特定的方式生活（没有互联网），然后看看会发生什么。

当然，学生们会时不时抱怨这样的生活太艰难了。这就像是戒糖、戒烟、戒碳水化合物、戒掉那些让人上瘾或产生依赖的物质一样。不过无例外,学生们发现自己的生活在没有社交媒体和电子设备之后反而变得更好了。而且,有些发现让人颇为惊讶,甚至是警醒和悲哀:这不仅是他们的感觉,也是我的感觉。

* * *

接下来的内容基本上都是学生的原话。他们分享了自己在这段没有互联网的日子里的所有心得和感触。我想,关于互联网和电子设备这个话题,读者最需要倾听的不是我怎么看或是研究报告怎么看,而是他们的同龄人有什么想说的。许多人对没有电子设备或社交媒体的生活会是怎样的十分好奇。刚好,这样的生活我经历过,"海上学府"的学生们也经历过。下面的这些反馈,你不妨把它们看作是各种定性数据,而至于最终的结论,可以由你自己来总结。

或许并不意外,部分学生表示,没有社交媒体的影响或者不用在意自己在 Instagram 上的形象,他们的生活一下子自由了许多:

在船上,我感觉自己开心了许多。我不用时时刻刻去看那些比我更了不起、更优秀的人在做什么。有的人我甚至都不认识。

最开始上船的时候,我感觉自己内心有一股冲动,想在 Snapchat 或 Instagram 上发点什么来证明自己玩得很开心。但这段经历告诉我，我不需要把自己所有的生活都放在网络上，也不需要向别人证明我玩得很开心，因为我知道自己确实玩得很开心。我认为那种想向别人证明自己或表现自己的想法特别肤浅。

我特别喜欢和大家很单纯地一起吃，一起玩，一起生活，而不是为了在网络上和全世界分享——虽然也没有办法分享。

简单来说，"没有对比，就没有伤害"。当大家没办法通过社交媒体进行向上社会比较时，那些"'应该'的暴政"也会减少许多。不过，本书所关注的不是社交媒体，而是时间。本书想传递的核心思想（或许有些偏激）在于，20多岁时，你如何看待时间以及如何使用时间将对你的人生产生深远的影响。所以，除了"没有对比，就没有伤害"，我更关心的是学生们在时间使用上的变化。以下是一些学生的反馈：

晚上没有互联网，我们什么也干不了，只能睡觉。不过，大家好像因此变得更开心了，也更精力充沛了。

同学们是真的在认真听课，没有人分心玩手机，整个学习环境都变得积极了许多。

在船上没有互联网让我意识到，电子设备原来偷走了我这么多宝贵的时间。而用这些时间，我本可以做一些让我更开心或更健康的事，比如去健身房健身，或者在户外看书。

如果大家没有花那么多时间在手机上，我相信大家更容易找到自己想做的事情。这样大家可能不仅做事更高效，也会更开心。

大约 20 年前，一位 20 多岁的来访者和我分享了她戒烟的经历。戒烟后，她最先注意到的不是自己的健康得到了多大的改善（对于吸烟者来讲，健康问题往往晚年才会出现），而是自己有了更多的时间。这是因为她每天都会抽一盒烟，一盒烟有 20 根，而每抽一根烟，她都会设置 5～10 分钟"吸烟时间"。也就是说，她每天会花费 100～200 分钟（两三小时）吸烟。

如果你觉得这很不可思议，那么请你看一看下面这个例子。

最近，另外一位来访者告诉我，她想戒掉 Instagram，因为不想在那上面耗时间。

"你现在会在那上面花多少时间？"我问。

"大约三小时。"她羞怯地说。

"每……?"我拖长了音调，希望她指的是每周。

"每天。"她痛苦地承认。

那些不健康的习惯或让我们分心的事物或许已经改变，但它们造成的后果依然没变。无论你是每天花三小时吸烟还是刷 Instagram，这些时间都没有用在那些对于你的大脑、身体或者人生可能更加有益的事情上。

这些时间可以如何使用？下面这些例子是学生在船上使用空闲时间的方式：在大礼堂一起看电影；在甲板上看星星；举行才

艺表演（学生真的很有才）；晚上听讲座，了解我们正在经过的大洋或国家；早晨沐浴在阳光之下做瑜伽；开展读书俱乐部（包括读本书）；播放大家自制的旅行短片；玩大型的扭扭乐或纸牌游戏；举办时装秀，展示他们在世界各地买到的服装；以及做家庭教师，辅导小孩（老师的小孩，比如我的小孩，正在船上"居家学习"）。我的学生一次又一次告诉我，如果他们可以使用电子设备或社交软件，那么所有这些事情基本上就不会发生。

在我的课上，我问学生们到了30岁想有一些什么样的改变。我们当时正在学习20多岁"用进废退"的大脑，我问他们有什么习惯是他们想"多加使用"的，而有什么习惯是想"逐渐废弃"的。关于想要多加使用的部分，大家的回应层出不穷：想多读书；想多画画；想有规律地进行锻炼；想培养自己的才艺；想发展新的爱好；想学习新的语言；想有更多的睡眠。不过，关于想逐渐废弃的部分，大家的回应却通常只有一种：少看手机。请记得：无论你想做出怎样的改变，现在正是最容易的时候。对于许多20多岁的年轻人来说，这意味着：从放下手机开始。

* * *

对于这些回应，我并不感觉有多惊讶。学生们所经历的也是我们时不时会经历的——手机的使用会关闭我们对于生活的体验和感受，只是他们经历的方式更为深刻、更为持久。不过，有一点让我的确很惊讶，也是我从学生身上所了解到的一点：人际关系的巨大改善。这些网络原住民们不停地告诉我，他们从未感受过如此亲密的关系，以及如此走心的连接。而这一点正是他们放下手机之后的最大改变。

作为 37 岁才拥有智能手机的人（2007 年苹果手机才面世），我一开始很难完全理解这一点。我 20 多岁时所交到的朋友，以及生命里最为重要的人，都是通过线下面对面的方式交到的。当我要求学生以书面形式反馈自己放下手机之后的生活时，我惊讶地发现，大部分的反馈不是关于爱好或习惯上的调整，而是关于人际交往上的改变。我在这里摘录了许多反馈（或许有点太多了，但我如果只摘录几条，那会对不住学生们写了这么多）：

> 在家里，通常我和朋友说句话或问个问题，她都不会理我。因为她正在手机上刷 Instagram，或者回复群里的消息，或者用自己露半张脸的照片回应 Snapchat 上的好友。我真的很不喜欢这样，这让我感觉很孤独。但是，我在这里交到的朋友不一样，我们可以真正地聊天。没有人会看自己的手机，也没有人会干其他的事情。

> 我现在意识到，自己"现实生活"中大量的时间都用在了社交媒体上，而不是和别人进行真正的社交。

> 我喜欢和没看手机的人一起聊天。他们的注意力是真的在你的身上，而不是在手机上。

> 昨天，我听到旁边有两个人在聊"什么可以激励人们去做真正有价值、有意义的事"。他们俩认识最多不过

两周，但已经在谈一些很深刻的话题。我猜，如果其中一人可以上网，这样的聊天估计就不会发生了。

上大学时，在我和朋友相处的时候，好多次我抬起头把视线从手机上拿开，却发现我们都在漫无目的地刷手机，而不是真正地在一起聊天。着实悲哀。如果这就是我们"在一起"的方式，那我们根本就不在一起。

说实话，船上的经历让我颇为欣喜，因为我们没办法通过彼此的社交账号来评判对方。你只能通过聊天去了解对方，认识对方。现在我对这些人的了解已经超过了我家里的一些朋友。

我感觉自己的话有人听，因为大家坐在一起的时候，不是和以前一样看自己的手机。我感觉整个氛围都更积极，大家不是在一起聊八卦，或对别人发的东西评头论足。我们都活在当下，不仅和自己在一起，也和别人在一起。

因为没网而不得不离开社交媒体或手机让我意识到：一方面，我是真的很喜欢在现实生活中认识新的朋友；而另一方面，我之前在手机上浪费了许多时间。

电子设备最大的缺点在于，它对我们亲密关系的质量和数量都产生了消极的影响。

减少使用电子设备可以让你知道谁在想办法联系你，而谁并没有，以及你期望收到谁的信息。从这个角度来看，这会让人际关系变得特别简单。

和在家中相比，我在船上不过两周时间，却建立了更多有意义的连接和关系。想到这儿，我不禁感到悲哀。

在家里，电子设备会将我们的注意力从朋友和家人的身上夺走，结果让我们变得更加孤独。

现在的关系，和以前比，肤浅了许多。

说这个可能有点羞耻，我在学校的时候，每天会花两三个小时看色情片。但现在，我会拿这些时间去跟真正的异性相处和交往。

这段旅程教会我的是去真正了解一个人。这很重要。我们在面对面相处时所袒露的自我或许会与在网络上展现的自我完全不一样。

尽管社交媒体可以让大家很快联系上很多人，但它也把我们本可以用在真正重要的人身上的时间和精力，分散到了那些实际上并不重要的人身上。我觉得这让大家变得更加肤浅，因为大家都在试图取悦和讨好全世界，却忘了去关注真正重要的人。

大约十年前，有一本书面世，名为《浅薄：互联网如何毒化了我们的大脑》。它讲的是随着我们在互联网上"冲浪"，从一个网页跳转到另一个网页，我们正在丧失对某个话题进行持续关注或深入研究的能力。或许，我们还需要写另一本书，副标题叫《互联网如何毒化了我们的关系》。如今，20多岁的年轻人正在注意到（并为此感到悲哀），当电子设备和社交媒体侵入他们的生活时，他们对朋友的了解和认识会变得更加肤浅和浅薄；与朋友的关系也是。

这很重要，尤其是在我们最为艰难、通常也最为孤独的20多岁时。作为大脑和身体的必需品，关系不仅是我们情绪免疫系统的一部分，而且作为快乐的源泉，还能帮我们保持身心健康。然而，我的来访者和读者及"海上学府"的学生们却告诉我，很大程度上因为电子设备的影响，现在他们的关系不仅不能带来快乐，反而成了种种压力的来源。

众所周知，焦虑是当下年轻人群体里最突出的心理健康问题[1]。不过，这也要分不同的种类。这个年龄段最常见的是哪一种焦虑？是社交焦虑。越来越多的年轻人表示自己社交无能，社交孤立，存在社交障碍，或社交落后。他们在面对陌生人甚至是熟人时，都会感觉到紧张和不安。

与此同时，在心理咨询执业的过程中，我也看到越来越多的年轻人走进我的心理咨询室或给我发邮件，抱怨他们在社交方面遇到的困难。"我不知道如何与别人建立深入的关系""我从来没有最好的朋友""我从来没有恋爱过""我从来没有亲吻过男生""我总是在担心别人怎么看我"。或许，这便是对"社交"媒体最大的嘲讽：它看上去为社交带来了便利，但实际上却在损害年轻人的社交生活和人际关系；而20多岁时，正是他们最需要陪伴，最需要社交的时候。

* * *

　　那么，20多岁的年轻人可以做些什么？不是所有人都有机会参加"海上学府"。而且即使那些有机会参加的人最后也要回到现实。"这项特殊的社会实验将如何帮助我？"你或许会问。

　　试想一下。

　　你已经处在一项社会实验当中。在发达国家，10个年轻人当中，有9个拥有智能手机[2]；而在发展中国家，这个比例正在急剧上升。这使得全球数百万名年轻人可以不加限制地接触到互联网所带来的一切——攀比、焦虑、色情片、假新闻、在线购物、仇恨言论。这个清单可以继续列下去，但所有这些从未告知过甚至是考虑过它们可能会带来的后果。不过，也没有人能确切地说出互联网的普及和发展将会带领我们去往何方。这或许是历史上最大的一次社会实验，而你作为第一代网络原住民，已经成为其中的实验对象，无论你是否意识到或是否喜欢。

　　那么，我们可否开展属于我们自己的社会实验？虽然我们许多人20多岁时以及未来将不可避免地在工作中使用电子设备，但我们依然可以追踪自己在生活中使用电子设备的频率，并做出自己想要的改变——适当减少手机的使用。以下这些是"海上学府"的学生们在减少手机使用之后的部分结论：

　　　　我还以为离开手机之后我就活不下去了。虽然这听上去有点荒唐，但我想说手机就是我的一切。这并不代表手机成了我生命的一切，但是没了手机，我很可能就不知道该怎么办。比如，我不知道什么时候该起床、我现在在哪儿或我要去哪儿。又或者，我若是需要查点东西，拍一张照，听一首歌，或看一看新闻，没有手机，那要怎么办？万一有人正在联系我呢？奇怪的是，我在船上反倒不再担心这些，焦虑也少了许多。我想这在某种程度上反倒证明了我其实没有那么需要手机。而且，我回家之后想将这一点继续保持下去。

离开手机的这段经历让我大开眼界。它让我看到了自己使用社交媒体的习惯并不健康。我想在之后做出改变。

现在有越来越多的网红会教育大家关注气候变化、全球事件以及健康的生活方式。我很感谢在 Instagram 和 YouTube 上学到的一切，以及帮助我培养的习惯。不过我发现，在远离社交媒体之后，的确会感觉更好和更自由。我想这一切取决于你选择关注什么样的内容，以及你是否能在线上和线下找到真正的平衡。

我在减少查看社交媒体之后，最明显的变化是，我终于有时间思考自己的想法了。

最开始，我会因为手机没网而感到焦虑。但有趣的是，当我没办法时时刻刻查看社交媒体时，反倒感觉到巨大的解脱。不过，要是有网的话，估计大家都会抱着手机不放。说实话，我有点不想回到"现实世界"。到时候，大家又会回到社交媒体上，然后期望我回应他们发的帖子或照片。

我把这视为一个机会，可以改变我的生活方式，并把更好的生活习惯带回家。

我很好奇，如果越来越多的人开始意识到使用手机而无法活在当下所带来的后果，未来会变成什么样子。

大量研究表明，花太多时间在电子设备上会对你的大脑造成损害。不过我在本章想表达的观点远比这个要简单，而且也是本书的核心思想：20多岁时，时间是你最重要的资产。如何使用时间，不仅影响你的现在，而且影响你的未来。

这些电子设备就像5分钟的"吸烟时间"一样，正在一点一滴地偷走你最重要的资产。它们正在偷走你的健康、你的睡眠、你的爱好及你的目标。它们正在偷走你的关系、你的友情、你的爱情及获得幸福的机会。它们正在偷走你的现在、你的未来、你最重要的十年及真正属于你的人生。如果你对时间漠不关心，时间也会毫不犹豫将你抛弃。如果你愿意拾起对时间的关心，去思考你是谁、你未来想成为谁，那么时间也愿意回报你真正想要的人生。

15. 冷静下来

我们在尝试新事物时，最大的挑战在于我们不知道自己在做什么。

——杰弗里·卡尔米科夫（Jeffrey Kalmikoff），设计师

每一声批评和斥责，都如狂风暴雨在心中肆虐。

——塞缪尔·约翰逊，作家

"我的工作看起来非常非常好，但我真的真的很讨厌它，"电话那头，我听到了几声抽噎，"快告诉我，我可以辞职。要是我知道我可以辞职，那么我还可以再多熬一天。快告诉我，我可以辞职，我不会在这里永远干下去。"

"你当然不会在这里永远干下去，你也可以辞职。只是，我不觉得你应该这样做。"

又是一阵抽噎。

丹妮尔是我以前的一名来访者。她在熬过一连串的实习和面

试之后，成功应聘上了一家数一数二的电视新闻机构的助理岗。她一度认为自己已经走上了"人生巅峰"。但没过几周，她却感觉比以前更加糟糕。我们的心理咨询重新启动，而这次是通过电话。每周一上午，在英勇地踏入办公室之前，她会从纽约打电话给我。

丹妮尔的老板几乎每天都会对她大吼大叫，通常是因为丹妮尔没能做到"什么都知道"。她怎么可以不知道 × 先生的电话一直都是直接转入？她怎么可以没有预料到她的老板会从头等舱降舱？更糟糕的是，当她的老板开着自己的车离开纽约，而在康涅狄格州或新泽西州的小镇里迷路时，他会给在办公室的丹妮尔打电话并咆哮道："我现在究竟在哪？！"就好像丹妮尔就知道似的。而电话那头的丹妮尔坐在办公桌旁，感觉随时都要惊恐症发作。

丹妮尔面临的情况似乎有点极端，或者说不太可能发生。她的老板听上去更像电影角色，而非真人。但他的确是真人，丹妮尔也是。类似的情况，我们都曾遇到过。

我还在读研究生时，一开始的临床督导是一位著名的精神分析学家。能向她学习是我的荣幸。不过，我听说她特别忙，经常同一时间处理多件事情。系里传闻说，她喜欢在做督导时开着车四处跑，比如取自己的干洗衣物，或者顺便去一趟银行。但研究所主任告诉我，今年会不一样。因为受到严格的限制，所以她不能在做督导期间擅自离开办公室。我想，情况又能有多糟糕？

我们的会面时间定在每周二的午餐后。通常，她都会迟几分钟到办公室。除了听我汇报案例，她还会在同一时间做其他事。

有时是织毛线，有时是发传真或打扫办公室。有一次，她还让别人进来帮她更换沙发椅面。另外，她会随身携带一个挎包，里面装满了她在做其他事时会用到的工具。

一天下午，会面开始，我看着她将手伸进自己的挎包里，不禁好奇这次会拿出什么。一开始，她拿出了一袋洋葱，然后是一个砧板，再然后是一把锋利的大菜刀。之后，她一边将砧板放在自己的大腿上切洋葱，一边听我汇报案例，然后分享她的想法。她从不看我一眼，除了最后说"时间到了"。只有那时，她才会注意到我脸上的眼泪，在很大程度上是因为洋葱，不过也有部分可能是因为我内心的感受。

"啊！是我影响到你了吗？"她问。

我唯一能做的只是笑笑，然后说："你在做什么？"

很明显，她正在准备晚上的家庭聚餐。她的工作时间一直被排到了傍晚，所以她就在办公室里准备食材。我在和她说再见的时候，表现得就像这是世界上再正常不过的事。或许的确如此。我们在工作中都会遇到各种各样的困难，甚至是奇葩的经历，而我们必须想办法熬过去。

* * *

当20多岁的年轻人踏入职场时（我指的是真正地踏入职场），开始一份并不容易或并不简单的工作时，他们就要准备迎接职场上的种种风雨。没有大学新生同学相互抱团取暖，他们可能会发现自己孤零零的一个人，处在职场的最底层。顶层是老板，就像丹妮尔的老板一样，可能因为自己的才华或经验而处于领导位置，而非自己的管理能力，更非他们的大学 GPA。有些老板对于培养下属不感兴趣，有些老板则是不知道如何培养。而正是这些老板，往往肩负着教 20 多岁的年轻人适应这个完全陌生的职场环境的任务。有些年轻人可能会遇到不错的老板，但有些则不会。不管怎样，这就是现实。

正如一位人力资源专家说过的那样："我希望有人能告诉这些 20 多岁的年轻人，办公室有着和他们所习惯的完全不同的文化。你不能在邮件的开头写'嘿！'你很可能要先在一份工作上干一段时间，才会被升职，甚至是被表扬。大家会告诉你，不要在 Twitter 上发布关于工作的信息，不要穿特定的服装。你必须考虑自己在工作中的一言一行、一举一动。那些没有踏入过职场的年轻人，不会懂得这些。那些在工作中和朋友一起闲聊的咖啡师或扫描员也不会懂。"

突然之间，每一天的工作表现都变得重要起来。拼写错误变得重要起来，请病假变得重要起来，这不仅是对员工，对公司的业绩来说也是如此。就像丹妮尔所言："在学校，我不会担心这些。因为在某种程度上，我知道这不是什么大事，我不会因为这个而一败涂地。只要我能考出好的成绩，我就会和其他人一样顺利毕业。因为终点是一样的。但现在我做的事不仅会影响我的老板，而且会影响其他所有人。这就是我为什么会失眠。我每天都感觉自己要被解雇，或是要惹别人不高兴。他们会发现，他们实际上并不需要我，而我并不属于这里。我感觉自己就像在简历上撒谎了一样，或者我在假装自己已经成年，但我并没有。然后我就要在某个地方给别人端盘子了。"

丹妮尔没有被解雇。相反，她被赋予了更多的责任。

上大学时，丹妮尔曾在电视台实习。那时，除了给老板端茶送水，她还负责协助制作一些没有人看的新闻：一只猫被卡在中央公园的树上，或者独立日例行的烟火表演。她的朋友和家人都表示，她有一份这么好的工作已经很不错了。但丹妮尔自己感觉并不好。她喜欢工作（制作新闻，而非端茶送水），但她从未如此焦虑和不自信过。她称自己是"一名意外的新闻人"。就像她说的，她的信心"现正处于人生的最低点"。

丹妮尔的处境正是她所需要的。那些未感觉过焦虑和不自信的年轻人，往往是过于自信或就业不足。丹妮尔对新闻制作很感兴趣，而这份工作正是她学习和积累相关经验的机会。只是就像大多数20多岁的年轻人一样，丹妮尔会在工作中犯错。譬如，给上级发邮件用了错误的语气；或者不小心把相机包放在了麦克风上，使得她的录音有一部分听不清。有时，她在会议上发言，声音也会突然变得干哑。

事后，一些资深员工会在走廊里，从丹妮尔的身边轻盈而自信地走过，并再次提醒丹妮尔，"你搞砸了"。有时，她会被叫进老板的办公室，比如她在一篇网络报道的标题中拼错了前总统的名字："如果这惹怒了半个国家的人怎么办？！更何况还是共和党的。"老板声色俱厉地说道。

　　当丹妮尔谈到工作中的焦虑时，她所描述的是年轻人在工作中常遇到的挫折和困难。只是，当这些不好的事情发生时，丹妮尔会感觉尤为不安。这给她的生活带来了许多负面的影响。早上，她不再和以前一样吃早餐，因为上班之前她会感觉恶心。到了晚上，她会辗转反侧，难以入眠。她老板白天说过的话或她假想出来的斥责会在她的脑海里翻来覆去，不肯停歇。"我感觉就像生活在大轰炸时期的伦敦一样，时刻都得提心吊胆"，她说，"我总是在想，'幸好现在一切无恙'，或是我还需要多少时间才能平安结束这一天。"

　　我认识不少有着不错工作的年轻人，而丹妮尔的情况听上去和他们的颇为相似。为了真正理解20多岁的年轻人在工作中的感受，我们需要进一步了解大脑尤其是20多岁时的大脑是如何处理信息的。

＊　　　＊　　　＊

　　根据进化理论，大脑会专门留意那些让我们毫无防备的事，这样我们就会在下一次做出更好的准备。它甚至还有一个内置的检测器[1]，当一些新奇的事情发生时，大脑的这一部分就会释放化学信号来刺激记忆的形成。举几个实验作为例子。当人们观看一系列普通物体（比如房子）及怪诞物体（比如斑马的头在汽车上）的幻灯片时，人们更容易记住怪诞的物体[2]。相似地，当实验对象受到惊吓时，比如突然出现一张蛇的图片并伴随着蛇的声音，他们对于紧接着蛇后面的幻灯片会有更深的印象[3]。不管是在实验内，还是在实验外，人们都更容易记住带有情绪或不寻常的事件[4]，而不是那些平淡或中性的事件。

当让人惊讶或沮丧的事情发生时，我们往往会记很久，且印象深刻。有些研究者将其称为"闪光灯记忆"（flashbulb memories），因为这些记忆就像凝固在时间里，特别清晰，就好像大脑给那个时刻拍了一张照。这或许便是为什么当你听到帕克兰校园枪击案、科比·布莱恩特遇难或学校因为新冠肺炎而停学时，你会清楚地记得你在哪儿。这就好像你的父母和祖父母会清楚地记得"9·11"事件那天上午他们在做什么。大脑受到了惊吓且感受到危险，于是它"拍了一张照片"，以便更好地应对未来。

因为20多岁是我们迈入成人社会，经历各种第一次的时候，所以它通常充斥着大量难忘的瞬间，甚至是闪光灯记忆。事实上，许多研究发现，和其他生命阶段相比，人们对于早期成人生活的记忆尤为深刻[5]。有些记忆特别开心。比如获得梦寐以求的工作；和喜欢的人第一次约会；又或是和朋友一起跳伞。但有些记忆则格外糟糕。比如发邮件时本想单独回复，却不小心点了"回复全部"；或在一次不安全的性行为之后，焦虑地等待着性传播疾病免疫检测的结果，那一周既漫长，又难熬；又或是恋爱对象通过短信发来分手信息。

我第一次在大学里教书时（我记得我那时28岁），我在没有登分的情况下把试卷发还给了300多名学生。对于这样的错误，我们只会允许自己犯一次。但我们每个人都会遇到类似的情况，然后我们的大脑会拍一张照片,这样它就会一直留在脑海里。这就是所谓的"吃一堑长一智"。这种成长方式虽然令人不快,但很有效率,通常也很有必要。

虽然让人惊讶或沮丧的事情在不同的年龄段都会出现,但是20多岁的年轻人会把这些看得尤为严重[6]。还记得我们在前几章提到过的"不均衡"的大脑吗?在我们20多岁时,那个冲动的、燥热的、寻求愉悦感的情绪大脑已然就位,但那个理性的、冷静的、为未来着想的额叶尚在发育。这是20多岁的年轻人每天上班时所用到的大脑。这也是为什么像丹妮尔一样的职场新人在工作中遇到困难或不顺时,往往会变得更加情绪化,而不是冷静下来,理性应对。

美国心理学之父威廉·詹姆斯(William James)曾说:"智慧就是懂得该忽略什么的技巧。"所谓的"懂得该忽略什么",指的是知道什么事情可以放下,不去计较。这也是为什么年长者通常要比年轻人更加智慧。随着年龄的增长,所谓的"积极效应"(positivity effect)[7]会慢慢在我们身上显现——我们变得更关心那些积极正面的信息,而对于那些消极负面的信息反应更加平和,即使它们依然出现;与此同时,我们对于人际关系中的冲突也会变得更加淡然,选择放下而不去计较,尤其是我们在和较为亲密的人相处时。但是,年轻人不同。在面对消极负面的信息(坏消息)时,他们往往会感觉更为消极和负面,且印象深刻——相比于面对积极正面的信息(好消息)。磁共振成像研究表明,20多岁年轻人的大脑对于负面信息的反应程度[8],要强于年长者大脑的反应程度。我告诉丹妮尔，我们20多岁时的大脑在面对让人惊讶或沮丧的事情（例如别人的批评）时，往往会有强烈的、负面的情绪化反应。而正如一位同事所言，这种反应会让20多岁的年轻人感觉自己就像"风中飘零的叶子"。顺利的一天轻轻松松将我们送上云霄；然而老板的一声斥责则将我们鞭打在地。无论是工作还是爱情，每当这些负面信息如同洪水般涌来时，我们的情绪都会像水中残叶，肆意漂流。

"这正是我的感受，"丹妮尔说，"就像叶子一样。我从来没有想到过，我的老板会对我有这种影响。现在，他成了我生命中最重要的人。对我来说，他就像神一样。无论他说什么，都像是对我的终极审判。"

随着年龄的增长，我们会更多地感觉自己像树一样，而不是叶子。我们有根（过往的经验）作为立身的基础，以及粗壮的树干，它或许会在风中摇曳，但不会轻易折断。那时，从我们身旁所刮过的风可能会更加强烈。在我们正在还房贷时，"你被解雇了！"会像一阵更为猛烈的大风。我们在工作中所犯的错也不再只是拼写错误，而更可能是失去一位重要的大客户，或是上线的软件让公司网站瘫痪了一整天。不过，因为经历过类似的狂风暴雨，年长者甚至是一些成熟的年轻人，都相信一切会变好，问题是可以被解决的，或者至少可以挺过去。

有时，我的来访者会问我，我是否曾经因为工作而失眠过。当然有过。大概在我撰写这本书的第一版时，有一次半夜里，我的一位来访者试图自杀。我想也没想，就直接套上牛仔裤，火速赶去医院。我比救护车到得还早。那时，我站在医院的车道里，风从身边刮过。她的父母在千里之外等着我的消息，我心中很确定一件事：只要这位年轻的女孩能够活下来，没有什么是熬不过去的。很多时候，我们会感觉那些让人心痛、难过或恐惧的时刻格外难熬。但事实上，没有什么是熬不过去的，只要我们还活着。幸运的是，她活下来了。

*　　*　　*

丹妮尔曾经连续一周想辞职。"当我感觉自己快要熬不下去的时候，我就想辞职。我感觉事情一直向我涌来，而我又一直犯错，"她说，"我感觉我一辈子都要为同一群人打工；而在他们的眼里，我就是一个没长大的小朋友。我感觉自己根本无路可退，既不能早一点回家，又不能把事情搞砸。我感觉自己永远被困在这种担惊受怕的状态里。我感觉自己一直处在'战斗或逃跑'的模式里。"

20多岁的年轻人，以及他们"不均衡"的大脑，通常想通过逃离现有的工作来逃离这些不好的感受。他们会选择辞掉让自己感觉不开心的工作，或是气冲冲地闯进他们老板的办公室，而未意识到他们老板的大脑很可能不会和他们的大脑一样处于激动和生气的状态里。如果丹妮尔辞职，一段时间内她可能会感觉更好。但辞职同样也会印证她内心的恐惧：她其实配不上一份好工作。

丹妮尔决定，她至少先和她的老板共事一年。她调整了自己的应对策略：她开始变得忧心忡忡。虽然这个策略和以往不同，但依然存在问题。我们整个心理咨询过程中都充斥着她可能会犯的错误、可能会被辞退的原因或是工作中可能会出现问题的地方。好多天午休，她都在公司附近的小巷里来回踱步，在电话中和父母或朋友们哭诉相同的内容。电话结束，她还是只能硬着头皮回到公司继续迎接更多的担心。丹妮尔知道，这些担心其实无法阻止问题的出现，但是不断地想象最坏的情况的确可以让她在问题出现时感觉不那么意外。"那种提心吊胆的感觉实在太糟糕了，所以我要尽可能避免这种感觉。"她说。

丹妮尔的担心虽然可以让她感觉不那么意外[9]，但是这会让她的身体长期处于一种消极的唤醒状态：持续的担心会让她的心率上升，并引起压力荷尔蒙的水平上升（短期内会引致焦虑，长期内会促使抑郁）。

丹妮尔说："我感觉自己退步了，我感觉自己就像是回到了大学我和我第一任男朋友交往的时候，那时我总担心他要和我分手，因为他不喜欢我的穿衣打扮或是什么。我会把他说过的每一句话都在脑海中翻来覆去地想，然后跟我所有的闺蜜讲。有三四个闺蜜被我设置为快速拨号，然后我们就一直聊。"

"你知道为什么会有相同的感觉吗？"

"因为我正在和我的工作谈恋爱，而这段关系带有受虐倾向？"

"不是，"我笑着说道，"因为它们就是一样的。我和其他20多岁的年轻人聊过相同的话题。他们有的会不停地担心自己可能因为一些小事而被甩，或是几小时之后还没有收到对方的短信就会变得焦虑。就像你想逃离工作一样，他们也想逃离恋爱，或找个理由大吵一架来迫使关系结束，这样他们就不会感觉意外了。"

"换作是我的话，我也处理不了这些情况。你会和他们说什么？"

"和跟你说的一样。你要有自己的根，你要站在风中而不倒。"

"所以我就要把所有负面的情绪都压在心里，假装它们不存在，是吗？"

"不是。把情绪压在心里，这不是你的根。和一直担心相比，这也好不到哪里去。压抑你的情绪还会让你的身体和大脑处于压力状态，损害你的记忆。在某种程度上，它会让你更加焦虑。"

"那我要如何冷静下来？"

＊　　＊　　＊

　　丹妮尔曾说，她感觉自己无路可退，感觉自己永远被困在那种担惊受怕的状态里。但其实不必如此。20 世纪纳粹集中营的生还者、精神病学家维克多·弗兰克尔[10]，曾在他永恒不朽的经典著作《活出生命的意义》中写道，在那里，他以及周围人的经历深刻地告诉他，我们在面对苦难时的态度和反应是我们作为人类最后的自由。

　　我让丹妮尔也读一读这本书，并一起讨论。虽然她的情况和弗兰克尔截然不同，但弗兰克尔的经历和教诲对我们每个人来说都大有裨益。如果弗兰克尔能够通过改变自己对于周遭事情的解读，从而寻得心灵上的慰藉，那么她也可以。丹妮尔或许无法控制工作中的所有事情，但她可以控制的是自己对于这些事情的解读以及反应。她可以选择让情绪大脑先冷静一下，并让大脑额叶运作起来。

如何做到？

首先，丹妮尔需要改变自己面临困难时的思维模式[11]。当她在工作中遭遇不顺时，她会立马想象最坏的情况。这种模式被心理学家称为灾难性思维（catastrophic thinking）[12]。对于丹妮尔来讲，最大的灾难莫过于被解雇，然后在某个地方给别人端盘子。这并不理性。工作以及爱情，往往没有我们想象中的那样脆弱。就算丹妮尔被解雇，我也不确定为什么她最后只能在某个地方给别人端盘子。丹妮尔需要站在更现实的角度来看待自己的处境。丹妮尔需要改变自己的思维模式，将那些困难的日子看作是"起风了"，并提醒自己，天气有可能会好转。

然后，如果丹妮尔能改变自己在工作中的思维模式，那么她在工作中的感受和行为方式也会跟着发生改变。"现在，你将大量的时间都用在了放大自己的负面情绪上，"我说，"无论是向你自己，还是向电话里的人。你将自己每一个失误都不断地放大和灾难化，但这样于事无补。你要停止在午休时给你的妈妈打电话。"

"但给我妈打电话会让我感觉好受一些。"

"我知道这样会让你好受一些。但这样也夺走了让自己冷静下来的机会。"

当丹妮尔给她妈妈打电话时，用心理咨询师的话来说，这是在"借用别人的自我"。她站在了需索的位置上，让别人的大脑额叶来代替自己工作。我们时不时会需要这样的时刻。但是如果我们经常性地将自己的压力和痛苦像烫手的山芋一样扔给别人，那么我们就失去了锻炼自己的机会，而无法学会独自应对那些痛苦和压力。而这时正是我们大脑最好的学习期。如果我们不去学着让自己冷静下来，学着安慰自己，那么这样的行为本身就在损害我们的自信。研究发现，那些更能控制自己情绪的人会表现出更高的生活满意度、更强的意义感、更积极的态度以及更亲密的人际关系。我希望丹妮尔能够收获所有这些以及更多，所以我想让她为自己的情绪负责。

"如果你自己可以熬过午休呢？"我向丹妮尔提议。

"我不知道怎么做。"

"你知道。我们谈过这点。挂掉电话，然后处理事情。"

"处理事情……"

"是的，如果你在工作中遭遇不顺，你可以用理性来回应你的情绪大脑。你知道的，情绪不是事实。你可以问自己：'事实是什么？'"

"事实是，我环顾四周，然后发现自己表现烂透了，"丹妮尔自怨自艾道，"也许我不是那块料。"

于是，我和丹妮尔的电话咨询继续进行。

16. 由外而内

如果你想征服恐惧，那么不要坐在家里苦思冥想，走出去让自己忙起来。

——戴尔·卡耐基，作家、演讲家

知识不是能力。知识加上 10 000 次练习才是能力。

——铃木镇一，铃木教学法创始人

"也许你不是那块料，"我回放给丹妮尔，"这究竟意味着什么？"

"在电视行业，你总会听到有人说，×××是那块料。有一天，我问我的老板我是不是那块料，你知道他说什么吗？他说：'不，你不是，但是如果你努力工作，你可能会是。'"

"你怎么理解这一番话？"我问。

"在某种程度上，我还挺开心的，因为我的努力不会白费。但与此同时，我感觉低人一等，就好像在他眼里，我不是天生的那块料。"

"天生的。"我重复道。

"对。"

"这是什么意思？你觉得什么是别人都有，但你没有的？"我问。

"自信。"丹妮尔简单地说。

"为什么你应该有自信？"我很真诚地问，"你才刚开始你的职业生涯。"

＊　　＊　　＊

丹妮尔说她的一些同事天生就很自信，或者至少大学毕业后就很自信，但事实上，她所对比的这些人，大多比她年长或者工作时间更久。在她看来，职场里的人要么有自信，要么没有，而工作中的任何差错都意味着她没有自信。那些差错本来只是差错，但在她看来却是对自己的终极审判。而那些来自老板的斥责则愈发意味着自己不是那块料。丹妮尔并没有把它们看作一种反馈，来提醒自己哪里需要学习，或是她正处于什么职业阶段——职业初期。有时，这会让辞职看起来更像是她唯一的选项。

丹妮尔这种"职场里的人要么有自信，要么没有"的想法，被心理学家卡罗尔·德韦克（Carol Dweck）称为固定型思维（fixed mindset）[1]。它指的是一种非黑即白的思维模式，认为我们的各种品质和能力，比如智力、运动能力、社交能力或自信是与生俱来的，"天生就这样"。当涉及自信时，丹妮尔认为人们要么有，要么没有，而她会因为有时在工作中受挫而认为自己没有。

相反地，德韦克提出了另一种思维模式——成长型思维（growth mindset）。拥有这种思维的人相信人会成长，也会改变。当然，这不是说我们想变成什么就变成什么，但在一定范围内，我们的确是可以成长和改变的。对于拥有成长型思维的人来说，失败或许依然让人痛苦，但也会被看作是自己成长和进步的机会。无论我们将面对怎样的情境和现实，我们的思维模式（固定型思维或成长型思维）都会对未来造成重要的影响。

举个例子。在一项针对大学生的纵向研究里，研究人员以大一新生为实验对象，并在评估完他们是属于固定型思维还是成长型思维之后，进行了为期四年的追踪研究。研究发现，拥有固定型思维的学生在遇到挑战（比如一项艰巨的项目或是成绩不理想）时，会选择放弃。但拥有成长型思维的学生，则会变得更加努力或是尝试新的方式。四年的大学生活之后，拥有固定型思维的学生会变得更没有自信；而他们对于学校的感受，更多的是焦虑、羞耻和沮丧。作为对比，拥有成长型思维的学生则在学校的各个方面均表现更佳，毕业时，他们更多地感受到自信、坚定、热情和动力。

相似地，工作时年轻人的思维模式同样会对他们的工作表现造成深远的影响。虽然有些研究认为，人们要么有很强的固定型思维，要么有很强的成长型思维[2]，但如果现在就说丹妮尔拥有固定型思维，恐怕还为时尚早。在我看来，丹妮尔之所以会认为"职场里的人要么有自信，要么没有"，并不是她对于自信或工作怀有顽固不变的固定型思维，而是她对于职场缺乏了解。如果她了解了工作中的自信究竟从何而来，那么思维自然会改变。

*　　*　　*

自信并非由内而外，而是由外而内产生的。当人们可以指出他们在外面做得不错的事情时，他们的内心才会感受到更多的自信以及更少的怀疑。压抑心中的怀疑，这样的自信是虚假的；午休时寻求父母的安慰，这样的自信是脆弱的。真正的自信来源于过往真实的成功经验[3]，尤其是当我们战胜困难之时。无论是工作，还是爱情，若想战胜心中的不安全感，收获真正的自信，唯一的方式就是去经历，去体验。别无他法。

经常会有20多岁的年轻人走进我的心理咨询室，希望我能增强他们的自信。有些人好奇我是否做催眠，也许一次催眠疗程就可以搞定（我不做，而且搞不定）；或是希望我能推荐一些草药或处方药（对不起，我不能）。我帮助20多岁的年轻人增强自信的方式，是让他们带着更全面的信息重新回到工作或爱情里。我会告诉他们如何更好地控制情绪，从而在工作或爱情里待更久。我会和他们一起创造更多的成功经验，从而让他们感觉不那么担心和焦虑。我还会告诉他们，真正的自信究竟意味着什么。

从字面来看，自信，意味着"相信自己"，相信自己可以把事情做好——无论是公众演讲，还是销售、授课或是助理——而这份相信仅仅来源于你之前已经把它做好过许多次。就像其他由我做过心理咨询的年轻人一样，丹妮尔在工作中的自信仅仅来源于把工作做好，虽然并不是每一次都能做好。

有时，丹妮尔会幻想"找一份简单的工作，这样就不用动脑子，也不会犯错了"。但这种让自己大材小用的想法，尤其是因为缺乏自信而想要躲在安全的地带，并不会让她拥有真正的自信。

从"把工作做好"到"真正的自信"，其前提条件是工作要有挑战性，而且需要费些力。它不能有太多外界的帮助，它也不会每一天都进展顺利。如果事情一直都进展顺利，这样所建立起来的自信在某种程度上是脆弱的；当失败来临时，它可能一击即碎。真正更为坚固的自信来源于历经磨难和失败后的成功。这样的成功，看起来才真实。

"我工作中的大部分时间都在管理自己的情绪，"丹妮尔抱怨道，"有时候我能做的只是把它们憋在心里，这样我才不会发泄到别人身上；或者仅仅在里面继续待着，不要逃，直到这一天结束。"

"这就是你的成功经验，"我说，"管理你的情绪就是在增强你的自信。就像你自己说的，你可以在里面继续待着，然后积累更多的成功经验。不过，这需要时间。你需要更多的数据，你需要更多的成功经验。"

"那具体需要多少？"丹妮尔问。

"没有人可以告诉你准确的数字。"我说。

"那你给我一个大概的数字？"她半开玩笑地问道，语气中透露着坚持。

"好，"我妥协道，"大概 10 000 小时。"

"啊？！"丹妮尔在电话里叫了出来，"你从哪得来的 10 000 小时？"

*　　*　　*

我和丹妮尔分享了研究型心理学家 K. 安德斯·艾利克森（K. Anders Ericsson）的研究成果 [4]。艾利克森可以说是研究"专家"领域里的专家，他和同事在对外科医生、钢琴家、作家、投资者、飞镖玩家、小提琴家等专家进行了好几年的研究之后，发现在很大程度上，这些专家之所以成为专家，其秘诀在于他们所投入的时间。像丹妮尔所幻想的"天生就这样"的人基本上并不存在。那些格外擅长和精通某个方面的人或许会有一些与生俱来的偏好或天赋，但他们在这上面同样也投入了 10 000 小时的时间。

虽然不是所有人都想成为专家或者大师，但我所认识的大部分年轻人依然想在工作中感觉自信和游刃有余。这意味着在大多数情况下，他们至少需要投入 10 000 小时的时间。有时，20 多岁时的挑战看上去像是找到自己想做的事；然后突然之间，我们以为，一切就会水到渠成。我们以为，我们在踏入职场后就能立刻一展身手，然后获得成功。但事实并非如此。知道你自己想做什么，不等于你知道怎么去做。而且，即使你知道怎么去做，也不等于你真的能把它做好。

20多岁时，真正的挑战在于工作本身。10 000小时意味着5年的全职工作（40小时/周×50周/年×5年=10 000小时）。或者不这样满打满算，以每周20小时来计算，也是10年的工作时间（20小时/周×50周/年×10年=10 000小时）。我的10 000小时来自7年的研究生学习。丹妮尔的10 000小时将来自新闻领域5～10年的持续钻研和精进。所以现在，她需要在工作中踏实积累。

"我的天啊，"丹妮尔说，"我觉得没办法给我这个老板打5年的工，而且还要10 000小时。"

"不一定是同一份工作，而且，你现在也并非从零开始。"

*　　*　　*

丹妮尔没有算上她已经积累的工作时间和她已经获得的成功，而这些本来会是她的自信来源。她现在做的这份工作并不容易，而她已经做了6个月，这就已经有1000小时。她之前的实习经历也有好几百小时。现在，是时候盘点一下她自己的身份资本了。

丹妮尔做了一张清单，列举了自己在学校及工作中已经积累的成功经验。她将毕业证书挂在了自己的房间里。她开始更认真地对待自己，穿着也变得更职业化。她不再在午休时给父母打电话，这样她可以认可自己成功熬过一天。她谈论自己的方式也发生了改变："不再自我贬低！"她宣告。

之前丹妮尔在工作中一直都在逃避反馈，因为那些反馈和评价会让她感觉近乎终极审判。但这样其实对她并无益处。没有具体的反馈，丹妮尔每次很快就设想最坏的情况，这样并不合适。正面反馈可以让她感觉更好[5]，但负面反馈可以让她表现更好。

丹妮尔在成功熬过工作第一年后，我建议她去向她的老板询问反馈。虽然我们在周一的电话咨询里做了大量的工作，但所幸的是，她最后鼓足了勇气，去询问她过去一年的工作表现。她的老板一直都很忙，而且对她也很严苛。但这次，她的老板却有时间将他所写的书面反馈念给她听。他写道，丹妮尔是他这么长时间以来遇到过的"最好的助理"；一位"勤奋上进的员工，周六也在加班做新闻"；一名"高效的执行者"；以及一位"冷静的问题解决者"。（哈！他提到了最后一点。）

丹妮尔最后拿到了 1000 美元的年终奖，并决定将这 1000 美元当作 1000 小时的经验积累。

"没问题。"我说。

随着时间一周周过去，丹妮尔的工作不再那么让人提心吊胆。当事情出现差错而且无法避免时，丹妮尔的反应也不再那么情绪化、那么强烈或那么负面。她意识到，感受到自己的情绪不等于表现出自己的情绪。现在，当她再次感受到焦虑或不自信时，她会让自己冷静下来，看一看有什么她已经做得不错。

现在，我和丹妮尔在电话里所谈论的也不再是辞职的事。据我们估计，她大概还需要 6000 小时才可以在工作中感受到自信和游刃有余。虽然她周日晚上时不时还是会感受到焦虑和不安

（因为新的一周即将开始），但她的老板似乎变得不再那么难对付了。而且，丹妮尔知道她应该继续留在这里，除非她找到了更好的工作。大约一年之后，她收到了一封来自城市另一端的同行的邮件：

"我们这儿有一个不错的工作机会，是和总制片人一起工作。你应该跳槽来这儿，毕竟你已经干了这么长时间。我们这儿没有合适的人，所以肯定会对外发布招聘信息。你应该趁我们发布信息之前过来试试。对了，老板人很好！"

丹妮尔得到了新的工作机会，所以不得不辞掉现在的工作。"看样子，我要在其他地方积累我的 10 000 小时了！"她的语气里带着兴奋和轻松。

"太棒了。"我回道。

"那我们现在要聊什么？"她问。

"聊爱情如何？"我建议，"去年，你说你在爱情里也会感觉到不安。"

"啊，理论上，我也想谈恋爱，"丹妮尔立刻回道，"但我感觉自己还没有这个时间和精力来开始一段关系，更不用说维持一段关系。我们可以以后再聊这个话题吗？"

"可以晚一点，"我说，"你知道的，你可以一边工作，一边谈恋爱。而且事实上，这会对你有好处。"

17. 融入社会

生活本身就是一位非常好的治疗师。

——卡伦·霍妮，精神分析学家

目标等于理想加上截止日期。

——拿破仑·希尔（Napoleon Hill），作家

许多年来，人格领域的研究者就"人在 30 岁之后是否会改变"这个问题一直争论不休[1]。大量研究表明，相对而言，我们不会改变。30 岁之后，我们的想法、感受和行为都会相当固定。那些相对外向的人依然相对外向；那些认真勤勉的人依然认真勤勉。

不过，对于我们会在多大程度上维持不变，大家依然莫衷一是。有人说："除非遭遇外界干预或灾难性事件，一个人的性格在 30 岁之后基本上就固定下来了[2]"。但有人抱着更为乐观的态度[3]，认为 30 岁后依然存有改变的空间，尽管"幅度很小"。不

管我们 30 岁之后是完全不变，还是可以改变一些，大家目前已达成的共识是：20 多岁时，一个人的性格可能发生最大限度的改变。对于这一点，许多临床医生早已知晓。

这对我们来说可是一个重大消息，因为我们普遍认为，童年或青春期才是一个人性格发展和形成的关键期。一句老话说，"3岁看大，7岁看老"。弗洛伊德的人格发展理论也只讨论到 10 多岁。而青春期通常会被媒体描述成我们成长蜕变的最佳时期。

我们现在知道，20 多岁才是我们一生中最关键的改变时期。在这个阶段，不仅我们的大脑会发生改变，我们周围的环境、我们扮演的角色也会发生改变，而且这些改变是同时进行的；这意味着所有这些改变将相互影响、相互交织。换句话说：我们是谁将影响我们做什么事 [4]；而我们做什么事，将影响我们成为谁。如此循环往复。这便是为什么当我在大街上遇到已经 30 多岁的曾经的来访者时，我绝不会以他们 20 多岁时的情况来评判现在的他们。因为这些年，很多事情都会变，而且变得很快。

20 多岁时，我们正处于性格发展和定型的重要关头。我曾一次又一次地看到那些 20 多岁的年轻人在相对较短的时间里，从之前的社交焦虑迈向了社交上的自信和从容，或是从童年时的不幸中解放，开启了自己不一样的人生。而这或许应归功于他们上过的一节课，读过的一本书，做过的一份工作，谈过的一段恋爱，或接受过的几个月的心理咨询。不管怎样，正因为这些改变，正因为这些职业生涯或爱情中的决定，所以我们的人生才会从此大不相同。这便是我为什么愿意和 20 多岁的年轻人打交道：

他们的人生，依旧充满可能性。不过，不是每个人都能理解这种未知和可能性。

我曾经为一名心理学研究生做过督导，她告诉我她不喜欢给20多岁的年轻人做心理咨询。她说，在和更年长的人共事时，她感觉自己就像体检医生，她的工作是找到对方人生中不对劲的地方，并与对方一起解决问题。在她看来，她的工作更像是在寻找那些可能导致离婚、离职或其他人生失败的因素，而这并不难。

但是，在和20多岁的年轻人打交道时，她会倍感压力。她担心自己会让他们变得更好或是更糟。她说，她感觉这样的工作"风险更大"。她或许对为年长的人做心理咨询这项工作存在一些误解，但有一点她说得没错：20多岁的确蕴含着风险，但也蕴藏着机会。20多岁，余生还很长，一切还不晚。

*　　*　　*

萨姆是在吃早餐的时候听到父母正在办理离婚的消息的。那天是周六上午。萨姆12岁了，正准备上七年级，距离开学还有两周。萨姆的妈妈告诉他，她在附近买了房子。他们的生活会和以前一样，只是会住在两个不同的地方，她向萨姆许诺道。她很开心地邀请萨姆帮她搬家。对于那个时候的萨姆来说，把这些箱子搬到新的地方似乎是一件很不错且让人兴奋的事。但现在回头看，他说，"我妈让我过于兴奋和开心了"，他感觉自己被哄骗了。

萨姆的父母都不想"错过孩子的成长"，所以开学之后，萨姆每天都要轮换着住不同的地方。早晨，他会收拾好当天需要的课本和衣物，还有一部分第二天需要的东西。而第二天早晨醒来之后，他需要再收拾一遍。后来的6年里，他一直轮换着住不同的地方，而唯一不变的是，他总担心自己会落下什么，或是为自己要拖着这么一大堆东西而气恼。对于萨姆而言，"轮换居住"更多的是为他父母好，而不是为他好。通过这种方式，萨姆的父母试图否认他们的生活实际上和以前已不再一样，而最重要的是，他们都将错过萨姆的成长。

在好几次的心理咨询中，萨姆都在不停地谈论父母离异的事，我开始感到自己有些焦虑不安。我发现自己有时想说："说点别的吧！"这样的冲动显得缺乏同理心，特别是萨姆所要说的还很重要。我思索了一下，发现这样的冲动很可能是因为我对于萨姆现在的生活知之甚少。

萨姆之所以接受心理咨询，是因为自从他父母离异，他就开始感觉"焦虑而愤怒"。他希望自己感觉更好，希望心理咨询能帮到他。但我知道，谈论过去只能让我们止步不前。若想走得更远，我们还需要关注现在。于是，我有意识地将他的注意力导向他现在的生活，然后发现情况也不容乐观。

每次我见到萨姆，他都背着一个背包。现在我知道，那个背包里通常装着他的衣物，或许还有一把牙刷，因为他不知道什么时候可以回家，或是家到底在哪儿。萨姆说他差不多有五个不同的住处。但严格意义上讲，他和他妈妈、继父住在一起。不过，他通常会在朋友的公寓里过夜，尤其是当晚上玩得比较晚的时候。相较于穿过大半座城市回家，这样更方便。

萨姆的简历就像他睡过的地方一样凌乱。大学毕业后，他几乎每年都要换工作。而现在他成了一名"失业快乐族"（funemployed）。这本意味着他应该享受失业带来的快乐，但随着时间的流逝，快乐变得越来越少，而他愈发讨厌这种"无业游民"的状态。他不再喜欢和以前一样出去玩。周五或周六晚上出门前，他一想到大家喝几杯之后就会开始聊"你做什么工作"，就感觉焦虑不安。聚会上，当话题转移到工作时，萨姆会浑身不自在，只好独自到一边喝闷酒。

"真奇怪，"萨姆说，"越长大，越觉得自己没有长大。"

"我不确定你为长大这件事做了多少努力。"我指出。

我所能看到的是，萨姆依然过着一种流浪者的生活，没有固定的住所，也没有固定的工作。他20多岁时依然保持着小时候的"轮换居住"。难怪他会感觉"焦虑而愤怒"，感觉"自己没有长大"。

我告诉萨姆，我很高兴他选择接受心理咨询。对我们来说，花一些时间谈论父母离异以及这如何导致他居无定所，是没有问题的。我还告诉他，他可以选择改变这样居无定所的状态。事实上，若不改变，他还是会感觉"焦虑而愤怒"，感觉"自己没有长大"。

"可是完全没有希望，我改变不了，"有一天，萨姆急得抓耳挠腮，"我感觉自己需要换一个大脑。"

"你的大脑的确会习惯性地做一些事，"我说，"不过，我并不觉得完全没有希望。相反，我觉得还挺有希望。"

"为什么？"他问，语气里带着一丝无助的嘲讽，以及他所形容的"焦虑而愤怒"。

"因为你现在20多岁，你的大脑可以改变，你的性格也可以改变。"

"怎么改？"他问，这次语气里多了一些好奇而非怀疑。

"你说你想换一个大脑，实际上你需要换一种生活，你需要让自己融入社会，这样你会感觉好得多。"

* * *

我和萨姆分享了一项来自皮尤研究中心的调查研究。研究显示，不同于媒体或文化环境让我们相信的"失业即快乐"，和没工作的年轻人相比，有工作的年轻人更快乐[5]。接着，我建议道，除了心理咨询，萨姆还需要找一份工作，并在此期间找一个固定的住所。但怀疑的声音再次出现，他说那些无聊的工作只会让他感觉更糟，一个固定的住所则会徒增更多他会忘记的东西。他说他现在最不需要的就是稳定的工作和住所。

这样想不对。

来自不同国家的大量研究表明[6]，20多岁时，随着年龄渐长，人们会感觉越来越好[7]。平均而言，在20～30岁这个年龄段，我们的情绪会变得更稳定[8]，我们会更不容易因为生活中的起起伏伏而辗转反侧。我们会变得更认真负责，在社交中也会更自如，更能与人合作。我们对于生活的满意度也会提高。总的来说，我们会感觉到更自信、更快乐；而更少地，用萨姆的话讲，感觉"焦虑而愤怒"。不过，不是所有人都会发生这样的改变。萨姆不能继续居无定所，等着自己感觉更好。

这样行不通。

在我们20多岁时，积极的性格改变来自研究者所说的"融入社会"[9]。这个观点源于所谓的社会投资理论。更通俗地说，让自己融入社会，就是让自己成长。20多岁时，正是我们从学校迈向职场，甚至建立稳定恋爱关系的时候，或者用萨姆的例子来说，是从沙发搬到公寓的时候。其中大部分的转变都和成年人的承诺有关，无论是对老板、伴侣、室友、同事的承诺，还是对合同、事业、社会的承诺。这些承诺决定了我们如何在社会上安身立命，以及如何在心中认知自己。来自不同国家的大量研究显示，正是我们在工作及爱情中做出的承诺以及对世界的承诺，促使许多20多岁的年轻人实现了他们想要且需要的性格成熟。

若想获得更好的感觉，我们不能逃避这些成年人的承诺，而是要面对它们，并做出自己的选择和投资。安定下来确实会让我们感觉更加安定，尤其是如果我们不只是在工作或人生中"朝九晚五"[10]，而是在心理上做出真正的承诺时。与之相反，那些感觉自己没有融入社会的年轻人会像萨姆一样，感觉"焦虑而愤怒"而与社会脱节[11]。

*　　*　　*

融入社会的方式有很多，有时我们需要看开一点，不要那么排斥"安定下来"或"追求成功"。迈入婚姻的殿堂或拥有一份引以为豪的职业，或许离你还很遥远，但仅仅是朝着这些目标前进都会让我们感觉更加开心。那些甚至能在工作中取得一些成功，或获得经济上的安全感的年轻人[12]，相较之下会表现得更加自信、积极和负责。所以，我在和大多数来访者打交道时，工作是我们最先谈论的话题。

不少研究表明，工作是我们年轻时性格改变的最大驱动因素[13]。或许这是因为我们醒着的时间有大约一半都花在了工作上（或者没有），所以我们如何利用这些时间，往往会对我们是谁以及我们将会成为谁带来巨大的影响。（还记得菲尼亚斯·盖奇和他的马车夫的工作吗？）又或者是因为工作通常早于结婚生子，所以到结婚生子时，我们已经（在某种程度上）"安定下来"和"长大了"。不管怎样，从我的经验来看，获得一份工作通常是我们"融入社会"的开始。这不只是说那些负责任的人才出去工作；事实上，在我们开始工作后，我们的责任感将会迎来最大的一次提升[14]。

另外，无论是工作内，还是工作外，仅仅是拥有目标都会让我们更开心[15]、更自信。它影响的不仅是现在，还有未来。一项研究追踪了近500名年轻人从大学到30多岁时的人生。研究发现，20多岁时，不断设定更高的目标[16]会让他们在30多岁时感受到更多的自信、力量、意义感和幸福感。借由目标，我们定义自己是谁，以及自己想要成为谁，不仅是在工作领域，还在人生的方方面面。借由目标，我们规划自己的未来，安排自己的优先级。在心理学上，目标一直被称为成人性格发展的基石[17]。可以这么说，我们20多岁时所设定的目标会决定我们30多岁以及未来成为什么样的人。

最后，在爱情中做出承诺也有益于我们的性格改变和个人福祉。美国及欧洲的研究发现，进入一段稳定的关系将有助于20多岁的年轻人[18]感觉更安定、更有责任感，无论这段关系是否长久。稳定的关系能帮助我们缓解社交焦虑和抑郁，让我们感觉不再孤单；并让我们有机会锻炼人际交往技巧，学会如何管理情绪及如何处理冲突。随着我们步入婚姻，我们会有更多的机会锻炼自己，让自己变得更加自信和从容。而且，我们20多岁遭遇坎坷和不顺时，稳定的关系将会是我们寻求安慰、暂避风雨的不二港湾。

在媒体报道中，单身主义或许成了一种颇为流行的风潮。但事实上，20多岁时一直保持单身通常并不会让我们感觉良好[19]。一项研究追踪了年轻人从20多岁到将近30岁的人生。结果发现，那些20多岁时保持单身的年轻人（他们选择约会而不是进入一段认真的关系），其中80%对于他们的爱情生活表示不满意，只有10%不希望自己有伴侣。另外，长期单身[20]对于男性的影响尤为严重。那些20多岁一直单身的男性在接近30岁时将会经历自尊心上的巨大波动。

*　　*　　*

对照之下，萨姆的想法全部反了过来。他认为，只有真正长大后，他才能融入社会。但事实是，他只有融入社会，才能真正长大。他觉得融入社会只会徒增他的烦恼。但如果他想在二三十岁时感觉不那么"焦虑而愤怒"，那么设定目标、做出承诺在某种程度上将会是他的必经之路。

经过一段时间的心理咨询后，萨姆开始寻找公寓。最开始，他只想找短期的转租，然后多次签约。在一段时间内，他感觉安定了一些。但后来那种居无定所的状态再次出现。他说自己想不到什么好理由继续住下去，直到他开始意识到自己其实最想要的是一条狗。

在萨姆的父母离异之前，他们家曾经养过一条狗。但在父母离异之后，他们不知道这条狗应该由谁照顾。一方面没有人照顾，另一方面它开始出现一些行为上的问题，比如撕咬地毯或对人咆哮。不久后，它就被送人了。对于这件事，萨姆几乎难以启齿。萨姆责备自己没有照顾好这条狗。我试图安慰他，这不是他的错。无论是发生在他身上的事，还是发生在这条狗身上的事，都不是他的错，而是他父母的错。尽管如此，我发现这件事依然给他带来了巨大的打击。

后来，萨姆养了一条狗，也找到了固定的住所。他的生活开始步入正轨。每天喂狗、遛狗，让他找回了丢失多年的生活节奏和意义感。做心理咨询时，他会和我分享关于这条狗的趣事和照片。我几乎可以看到他的性格及人生正在心理咨询室的另一头悄然改变。不久后，萨姆开始靠遛狗挣钱。他还跟着一位训犬师做助理。攒够钱后，他开始创业：开了一家狗狗日托中心，叫作"爱狗之日"。他说，这是他做出改变的机会。

"爱狗之日"营业后不久，我们的心理咨询便中止了，因为他有工作要忙而很难定期见面。一两年后他写邮件给我，说他感觉更开心，也更自信。他还住在之前那个地方，而他正准备为"爱狗之日"租一间更大的办公室，并把自己的生意拓展到城市的另一头。他还会为导盲犬提供免费的驯养服务。另外，他也开始了一段认真的关系。

萨姆说，他还没准备好结婚，但他考虑过"为人父母"这件事。长期以来，他对自己的父母十分恼火，但也让自己被父母照顾了很久，都快忘了照顾别人才是他真正的强项。他擅长照顾别人，这反而让他感觉良好。他知道，当一名父亲是他绝对不想错过的事。

18. 你的身体

管理生育能力是成年时最重要的事情之一。

——杰梅茵·格里尔（Germaine Greer），

女权主义理论家

对不起。这是事实。有孩子之后，你看待这些事情的态度的确会改变。我们出生，短暂地活过，最后死去。科技也影响不了多少——如果有的话。

——史蒂夫·乔布斯，苹果公司联合创始人

温馨提醒：本章谈论的是生育能力和生育计划。如果你此时确定自己不要孩子，那么你可以跳过本章。如果你不确定，那么请你继续读下去。如果你认为这个话题只适合女性，那么请你继续读下去。如果你认为和20多岁的年轻人谈论孩子有点"过时"，那么请你务必继续读下去，或者至少先试读一下。在这之前，请你先听一听我的故事，因为我以前也有过类似的想法。

*　　*　　*

我之前提到过，我曾在加利福尼亚大学伯克利分校研究生院学习临床心理学及性别研究。但我没有提到的是，我那时的论文导师是著名的女权主义者及精神分析学家南希·乔多罗（Nancy Chodorow），她最为人熟知的应该是她写过的一本极具开创性的有关母亲的书。虽然这样的介绍过于简化，但简单来说，这本书所传递的核心观点在于，即使作为女权主义者，许多女性也想当母亲，甚至还会从中获得许多乐趣。这本书写于1978年，那时她30岁出头，而这样的观点与当时主流的想法及刻板印象（女权主义者只想工作，而非女权主义者只想生孩子）背道而驰。南希的思想总是领先于她的时代。她认为，女性既可以追求工作，也可以追求家庭。这两者可以兼得。

大约25年后，同样三十出头的我坐在她的办公室里，而她正翻阅着我的毕业论文。

"你今年多大了，梅格？"她一边扫视论文，一边问。

"34岁。"我尴尬地回答。

"你想要孩子吗？"她现在透过老花镜直勾勾地看向我。

"应该要吧。"我没有底气地回答。

"那你得赶快了！"她突然放下论文，身体前倾，大声说道。

虽然这样说很不女权主义，也很不政治正确，但我那时下意识的感受（而且很奇怪）是被冒犯了。对我来说，那时都21世纪了，谈论要不要生孩子似乎有点过时。（但事实上，真正过时的是我当时非黑即白的想法，认为聪明而富有野心的职场女性就不能成为同样聪明而富有野心的家庭女性。）在一位写过"女权主义者也可以生孩子"的人面前，我这样的反应着实奇怪。然而，那时的我仍然有那样的反应。

"我只想生一个孩子。"我颇为得意地反驳道，希望这个话题可以结束。

"这可说不准。"她不相信我的话，继续驳斥道。

大约18个月之后，我毕业了。而几个月之后，我的导师南希也退休了。在她的退休典礼上，她许多前同事以及毕业生们（包括我）都走上台为她献上祝福和感谢。我在走上台时，用婴儿背带背着我的第一个孩子；后来我又有了第二个孩子。

我想不起来自己当时在台上说了些什么。但我很确定，我没有说下面这番话：我想感谢南希，不仅是因为我的事业，还因为我的孩子。她不仅支持我成为一名临床心理学家、作家和思想家，还坚持让我去追求工作之外的人生。她教会我，女权主义不等于不能生孩子。她教会我，女权主义者也可以想生孩子。

这样，你就能创造出更多的女权主义者。

* * *

随着平均寿命的增加，年轻人结婚的时间也在往后延迟。他们会花更多的时间在学业、工作、恋爱以及他们自己身上，而越来越多的男性和女性（女权主义者或非女权主义者）会在他们30

多岁甚至 40 多岁时选择生第一胎 [1]。因此相较过去，21 世纪的父母会更年长，教育水平也更高。20 世纪 70 年代，平均而言，女性第一次当母亲的年龄是 21 岁左右，而男性第一次当父亲的年龄是 27 岁左右。现在，女性平均为 26 岁，而男性平均为 31 岁。对于生活在城市里或受过大学教育的人来说，这个数值会更高。比如，女性第一次当母亲的年龄是 30 岁或年龄更大。

在美国，大部分的孩子依旧为最佳育龄妇女所生，即 20 ～ 34 岁这个年龄段的妇女。而变化最大的则是这个年龄段之前以及之后。不分种族，20 岁之前生孩子的比例整体呈下降趋势，而 34 岁之后生孩子的比例整体呈上升趋势 [2]。在过去 30 年，选择在 35 ～ 39 岁这个年龄段生孩子的女性人数增长了大约 50%；选择在 40 ～ 44 岁这个年龄段的则增长了大约 80%。现在，在 35 岁及之后生孩子的女性人数已经超过了在 20 岁之前。

不过即使这些再怎么变，有一点也不会变。美国人口调查局 2018 年的报告数据显示 [3]，对女性而言，生孩子这件事或许会推迟，但依然不会缺席。从生孩子的女性比例上看，美国排在发达国家的首位；这不仅包括已婚妇女，也包括未婚妇女。1976 年，大约 90% 的女性在 45 岁之前至少会有一个孩子。到 2006 年，这个比例降到了 80%；而到 2016 年，这个比例仅回升至 86%。平均生育孩子的数量也遵循类似的曲线，从 1986 年的 2.7 个，跌至 2006 年的 2.3 个，后又回升至 2016 年的 2.4 个。一条来自皮尤研究中心的头条如此总结道："虽然会等更久，但如今的美国女性相比于 10 年前更喜欢生孩子。"

下面这一点很重要：近几年来，生孩子人数增长最多的是高学历女性群体。一方面，未受过大学教育的女性群体生孩子的比例保持稳定；另一方面，受过大学或研究生教育的女性群体生孩子的比例则呈上升趋势。30 年前，拥有博士学位的女性，比如我，只有 65% 的人会选择生孩子；但现在，这个比例增长到了 80%。从各个方面来看，现在越来越多的高学历职场女性会选择成为母亲；反过来说，若选择成为母亲，学历和工作变得越来越重要。

所有这些所传递出来的信息，正是我的导师想告诉我的。如今，女性倾向于接受教育，倾向于生孩子，而且生孩子的时间会比以往都晚。对于许多人来说，在学业和工作确定下来之前生孩子，不太切实际或并不明智。研究持续表明，那些接受过教育的更年长的父母会有更多的资源，生活状态更稳定，对孩子也更好。截至 2020 年，职场上的女性数量已经超过男性数量[4]。这意味着，这些职场女性需要平衡自己的工作和家庭。不过所有这些都没有改变我们身体运作的方式，它改变的只是我们生育能力与生育计划之间的匹配程度，而这正是我们需要去了解、去思考的地方。

*　　*　　*

生育能力或许听上去像是三四十岁的人才会关心的话题，但事实并非如此。一项由皮尤研究中心进行的调查显示，将近 90% 的 20 多岁的年轻人表示，他们认为自己将获得他们想要的东西。

我也真心希望如此！他们想要什么？大部分的人（52%）想成为好的父母，并将其列为成年时"最重要的事情之一"[5]。接下来，30%的人想要一段幸福的婚姻。对比之下，15%的人想事业有成，9%的人想要时间自由，1%的人想成为明星。这些数字告诉我们，对于许多20多岁的年轻人来说，幸福的家庭是他们最想要的；至少最终如此。这些20多岁的年轻人同样有权利知道，从生育的角度来说，未来十年（左右）将会是他们生育能力的高峰期。所以，他们有权利了解有关生育能力的统计数据，而不是最后让自己成了统计数据。让我澄清一点：20多岁时并非你还没准备好就赶着生孩子的时候，而是你多学习、多了解你的身体和你的选择的时候。

下面是关于35岁之后生孩子的讨论，我就直话直说了。医学一直被称为"不确定性的科学与可能性的艺术"[6]，这在生殖医学领域尤为如此，它属于正在发展中的科学。所以并非所有35岁之前的女性都能轻轻松松，想生多少就生多少，也并非所有35岁之后的女性就没办法了。但如果你想生孩子，那么有一些有关年龄的变化（无论性别、性取向、政治党派或介于其他区别）你都需要了解一下。

不妨和你说，我的两个孩子都是在我30多岁时生的，准确地讲，一个在35岁，一个在37岁。就像许多20多岁的年轻人一样，我也想先把工作稳定下来再考虑生孩子的事。事实上，我也是这样做的。我的导师告诉我"得赶快"之后没多久，毕业典礼时，我便挺着个大肚子，蹒跚地走上台，领取我的博士毕业证书。那时，我怀第一胎已经 8 个月了。后来不到两年，我又怀了第二胎。其间，我一边在大学里任职，一边做心理咨询。

更准确地说，30 多岁怀胎的经历并没有我想象中的那么顺利。我 35 岁时，我的儿子出生。我整个孕期都在工作。但到了 37 岁我怀女儿时，本以为我还可以和之前一样工作到最后一天——继续上课、见来访者，但结果到了待产期，我只能躺在床上休息。39 岁时，我经历了两次流产。我和丈夫认为，不管怎样，孩子已经够了。这四年里，四次怀孕，两次顺产，两次流产，两个学位，两份工作，三次因为工作而搬家，对我们来说已属不易。我们满足并感恩于现在得到的一切。我很感谢导师曾经告诉我"得赶快"，不至于完全来不及。我也很幸运，一切进展都还顺利，至少诞下了两个健康快乐的宝宝。

但有些女性，比如凯特琳，则没那么幸运。

*　　*　　*

凯特琳在 34 岁时遇见了本。和本相恋两年后，凯特琳来到我的心理咨询室，谈论即将到来的婚姻。她表示，婚姻对于他俩来说都是第一次，而真正的婚姻生活"肯定"还在后头。整个心理咨询过程中，凯特琳更多地在谈婚礼的准备，而从未提过孩子。我不禁以为她是不打算要孩子，但可能是因为我的导师曾经对我的影响，我决定主动问她。

"那孩子呢？"我问。

"我……我不知道，"她结结巴巴道，很明显不喜欢我这个问题，"我还没有想过这件事。"

她的回应让我颇为恼怒。不是因为凯特琳，而是因为现在的文化环境让许多女性感觉，即使到了 36 岁，要不要孩子这件事也依然不那么要紧。这让我想到之前读过的一篇文章，里面有一位女性谈到感觉自己被误导了，认为自己"即使到了 38 岁或 40 岁"[7]再生孩子也不晚。似乎凯特琳也这样认为。

"那现在正是你想这件事的时候，"我说，"你不会是想等到自己生不了之后，才发现自己想生孩子吧。"

"现在想有什么用？我都还没结婚……"

"你可以先想想，或者你先生孩子，你已经找到了伴侣。结婚很简单，但生孩子不一定。"

"但我想和我那些朋友一样，举办一场盛大的婚礼。我想穿上漂亮的婚纱，拍漂亮的照片。你知道我参加过多少婚礼吗？而且一个人？你知道我买过多少礼物吗？我觉得我和本从订婚到举办婚礼至少需要一两年的时间。再然后，我们如果能有一两年的时间没有孩子，就再好不过了。"

"所有这些当然好。我知道，这一刻你等了很久。而且一场盛大的婚礼对你来说的确意义非凡。但我依然想和你确认，你真的不想把生孩子这件事放在更重要的位置吗？"

现在我的话似乎让凯特琳颇为恼怒。"有的人 40 岁时才生孩子，"她说，"而且现在这样的例子远比过去要多。我自己就认识两个朋友，她们也是 40 多岁时才生孩子。那些好莱坞的明星们一直不都这样吗？"

"现在的确有更多女性40多岁时才生孩子，"我说，"但还有好多女性，她们到了40多岁生不了孩子。我们的确会时不时听到哪个40多岁的明星生孩子之类的，但如果细看，你会发现她们往往还用了不少辅助生育的治疗手段。或者你看统计数据，看看那些40多岁的普通女性有多少是想生但生不了的。这些信息可不会出现在新闻头条里。"

凯特琳的表述中犯了一个逻辑错误，而这个错误被称为获得性启发（availability heuristic），即大脑会"抄近路"，根据在记忆中回想起某个示例的容易程度来判断某件事发生的可能性。凯特琳说得没错，现在确实有更多高龄产妇，她自己就认识两位，而且她也能列举出许多成功的女明星案例。但凯特琳所不知道的是，从统计数据上看，当我们接近40岁时，生孩子有多容易（或者多不容易）。凯特琳所不知道的是关于生育能力的事实。

*　　*　　*

我们先从女性开始，然后再谈男性。

女性的生育能力或顺利怀孕及生产的能力[8]会在20多岁时达到高峰。从生物学的角度来讲，20多岁时对于大部分女性而言是最容易生育的时候。从30岁左右开始，女性的生育能力会有所下降，而到了35岁左右，生育能力显著下降。40岁时，生育能力陡降。

之所以如此，背后有两项与年龄相关的变化因素：一是卵子质量下降；二是内分泌系统机能退化。其中，内分泌系统起着调节荷尔蒙并帮助身体顺利妊娠和分娩的作用。而每位女性在三四十岁时，都会经历这样的变化。所以随着年龄的增长，顺利怀孕和生产变得越来越难，而流产或小产会变得越来越容易。低质量的卵子，比较难以着床并使胎儿发育成熟。即使我们通过卵子捐献得到高质量的或"年轻的"卵子，但如果内分泌系统出现问题，结果也是一样的。

说到这儿，我想说，不要认为生育能力只和女性有关，请注意：男性的生育能力同样受年龄影响[9]。随着年龄增长，睾丸的功能和精子的质量也会下降。在科学领域，有关"高龄产夫"的研究落后于关于"高龄产妇"的研究。这意味着，关于生育的奥秘，科学家们"尚在探索中"。不过已有的研究表明，随着男性（不只是女性）年龄的增长，生育的成功率将会降低。

换句话说，年龄更大的男性将更难让他们的伴侣成功怀孕；即使成功怀孕，也可能会面临生产上的困难或胎儿不健康的情况。研究正开始发现，"年老的"精子或许会引致早产、死胎、癌症、自闭症、躁郁症、遗传畸形、精神分裂及其他精神类疾病。由于这点以及我们后面还将会讨论到的其他原因，所以不仅女性，还有男性，都要好好考虑一下生孩子的时间并做好生育计划。

* * *

　　凯特琳期待的盛大婚礼如期而至，又很快结束。到了 38 岁，她开始准备怀孕，但进展并不顺利。经过一年的尝试和好几次流产，她和丈夫被介绍到一位生育专家那里。凯特琳相信，在医生的帮助下她很快就会有孩子。

　　一般来讲，早期生育能力下降表现为难以成功受孕和顺利妊娠。如果尝试自然受孕法（只在排卵期性交）女性在每个周期内成功受孕的概率大概为 25%（截至 35 岁）。也就是说，你年轻时若想成功受孕，平均而言，你需要 4 个月的性生活。35 岁之后，每个周期内成功受孕的概率开始大幅下跌，40 岁时跌至 5%。这意味着平均 20 个月的努力和尝试，而且时间拖得越久，成功概率越低。再加上女性 35 岁之后流产率增高（35 岁之后，三分之一的女性会遭遇流产；40 岁之后，一半的女性会遭遇流产），所以对于像凯特琳和本这样的夫妻来说，35 岁之后的婚姻生活可能会是期望与失望、等待与心碎的交织。

　　许多夫妻在尝试怀孕但不得之后，会像凯特琳和本一样，转向生育专家寻求帮助，也就是借助所谓的辅助生育技术。有时这些技术的确管用，我们也会听见这样那样的成功案例。但更多时候，它们并不管用，而这些失败案例很可能就没人听说过。辅助生育技术并非什么灵丹妙药，无论年龄多大，其失败的概率通常要高于成功的概率。而且，我们和伴侣的年龄越大（卵子和精子越老），这一点则会越发明显。若采用宫腔内人工授精（IUI）[10]——将精子注入子宫腔内，孩子顺利出生的概率只有 15%，甚至对于 20 多岁的年轻女性也是如此。对于 30 多岁的女性，其成功率将降至 10% ；而对于 40 多岁的女性，则降至 5%。宫腔内人工授精相对便宜且无创，但成功率不高，所以大多数女性为了不浪费时间，便很快从宫腔内人工授精转到体外受精。

体外受精（IVF）[11] 指的是精子和卵子在体外完成受精过程，再植入子宫。在 35 岁之前，体外受精的出生成功率为 33%。35 岁之后，成功率降至 25%。而到了 40 岁，则降至 15%。从统计数据来看，年龄越大，尝试体外受精所需要的次数则越多。而平均每次体外受精的价格约 [12] 为 30 000 美元（现付），所以随着尝试次数的增多，总花费也会增多。

不幸的是，凯特琳和本一直没有孩子。凯特琳尝试过激素疗法、宫腔内人工授精和几次体外受精，但没有一次成功。她 43 岁时，她的医生建议她领养或尝试卵子捐献。但经过这几年的折腾，本和凯特琳感觉身体上和经济上都已不堪重负。在为凯特琳做心理咨询的这几年，最开始她在网上四处寻找合适的婚礼场地，后来又在网上四处寻找生孩子的方法，到如今我们之间只剩叹息。

20 世纪 70 年代，大约 10% 的成年人没有孩子 [13]，如今这个比例为 15%。的确，现在有越来越多的男性和女性会选择不生孩子。而我们也不必将生孩子这件事想得过于理想化 [14]。它的确很有意义，但也的确很辛苦，甚至让人身心俱疲。所以许多夫妻会选择放弃生育，从而更专注于工作、自己或是其他追求。

不过，2017 年的一项报告显示 [15]，大约三分之一的成年人最后没有孩子并非他们的自愿选择。这些三四十岁的男性和女性，就像凯特琳和本一样，没能更早一点了解到关于生育的事实，比如在他们20多岁时，虽然还不一定生孩子，但可以提前做好准备。若是如此，他们的结果或许会不同。

*　　*　　*

生育能力和生育计划，似乎听上去依然和女性关系最为密切。但事实上，随着越来越多的夫妻在三四十岁时第一次生孩子，它将会影响所有人。上面的统计数据所没有包括的，是无数的男性和女性虽然在三四十岁时成功生子，但结果却惊讶地发现，这段日子是多么的难熬。那些生育专家们并没有听到而心理学家们会听到的，是高龄生产及高龄养育如何影响现代人的婚姻及家庭。

蜜月时带着排卵试纸，性爱成了一场为了生孩子而有日期限制的体力劳动，这些不仅影响女性，也影响男性。许多夫妻在一次次辅助生育技术的煎熬下，让整个婚姻、孕期甚至是孩子出生之后，都笼罩着无尽的焦虑和压力。那些同样想生孩子的女同性恋者及单身女性也很可能面临一些"生育"上的医疗介入，而且年龄越大，相应的风险及经济成本就越高。太多的男性和女性因为没有如愿多生几个子女，或是给自己的孩子添个弟弟妹妹，而悲叹于自己在20多岁时的一些决定，悔之晚矣。

假设一切都没问题，受孕没问题，生产也没问题，我们可以实现自己生育子女的期望，但仅仅是推迟结婚生子本身也会给家

庭带来更多的压力 [16]。刚结婚的夫妻就要准备生孩子，这让许多夫妻直接奔入了研究所发现的婚姻中通常关系最为紧张的时期，尤其是当照顾孩子的需求与我们的收入高峰期发生冲突时。

一份调查现代家庭的父母们 [17] 如何使用时间的综合性报告显示，一天里能够分给所有人和所有事的时间完全不够。大约一半的父母表示，他们几乎没有时间陪伴最小的孩子。大约三分之二的人表示，他们几乎没有时间陪伴自己的伴侣。另外三分之二的人表示，他们几乎没有时间留给自己。有一篇文章针对这些发现进行了评论 [18]，并提出了另一项挑战："一边是尚未独立的 20 多岁的孩子，一边是健康状况不容乐观的 80 多岁的父母，中年人面临的压力和挑战如排山倒海一般。"

"20 多岁的孩子？"我心中不禁纳闷。

或许，现在这一代人选择推迟结婚生子所带来的结果是，被正在上大学的孩子和正在养老院的父母两边的需求所拉扯。但如果看得更长远些，如果你在 35 ~ 40 岁这个年龄段生孩子，而你的孩子也在 35 ~ 40 岁这个年龄段生孩子，那么再过一代，尤其是对于那些倾向于推迟结婚生子的高学历人士来说，相当普遍的结果将不再是被 20 多岁的年轻人和 80 多岁的父母所拉扯，而是被正蹒跚学步的小孩子和 80 多岁的父母所拉扯。你将面临的是同时照顾两群生活不能自理的人，而此时此刻也正是工作最需要你的时候。

而且，你的父母没办法帮你带孩子，也没办法在你和伴侣周末外出时帮你照看孩子，这些都是你将面临的现实。更不用说代

际年龄差距的扩大带来的那些不那么可被量化，但又十分沉重的
代价。看着80多岁的奶奶在医院里迎接孙儿的出生，这样的场
景让人莫名心酸。想着可能没有多少时间可以让孩子在奶奶温柔
的陪伴下度过美好的假期，或是和爷爷一起在晴天去湖边玩耍，
就不禁让人感到悲伤。甚至，当我们看着孩子时，就不该去想他
们的爷爷奶奶还能活多久或是我们还能活多久。

*   *   *

推迟生育的方式，在未来可能还会层出不穷。而大多数的辅
助生育技术，其目的在于克服年龄限制，实现顺利生产。但是，
即使顺利生产，这也只是个开始，而非结束。孩子出生之后，
你可以给他或她多少时间？作为父母，我想答案很可能是尽可
能多。

为了更好地解释这点，我想和你分享有关比利的故事。比利
并非个例。他很聪明，而且受过大学教育。20多岁时，比利听说
这是他尽情享乐和冒险的最后机会，而用他的话讲，他的目标在
于"收获最少的遗憾和最多的回忆"。但事与愿违，比利对于自
己20多岁时所做的事遗憾颇多。而他在之后才发现这些事并没
有他所想的那么重要，甚至连回忆也谈不上。

比利在30多岁时走进我的心理咨询室。那时，他已经结婚，
有了一个儿子。他对于工作也变得更加认真。他想要同时兼顾
所有的事情，但承受的压力颇大。他总觉得工作和家庭还需要他

投入更多的时间和精力。有一天进行心理咨询时，他感到头痛胸闷。他给妻子打电话，让她开车送他去医院。第二天，他做了一次磁共振成像。幸运的是，一切无碍。不过，他的内在却和以往不再相同了。

在接下去的那次心理咨询中，我一句话都没说。他不停地说，我安静地听，时间一分一秒流逝。他说的内容让我深受感动，而不忍打断。我希望那天所有 20 多岁的年轻人都能听到比利说的话。所以，经其允许，我在此以他的话作为结尾：

> 后来，我去做了磁共振成像，那个东西真的很吓人。你被关在棺材一样的设备里，然后耳边一直有嗡嗡嗡的声音，还时不时会有警报声突然响起。整个无菌室就只有那一台设备，医生坐在外面的操作室里。那是早晨七点半，真的超级冷。他们给我戴上了耳机，来压过那些噪声。那个耳机被预先设置好了电台。你敢信吗？当时正在放奥兹·奥斯朋的歌。本来还挺滑稽的，但我只感觉很讽刺和可悲。我根本不关心什么奥兹·奥斯朋，我唯一关心的就是我的身体，我很怕他们查出什么毛病来。
>
> 而且，有意思的是——不，悲伤的是——我的人生并没有在我眼前闪过。根本没有。我今年 38 岁，当时唯一在脑海中出现的只有两件事：一个是我握着我儿子小小的手，那种感觉让我既开心，又难过；另一个是我不想让我的妻子一个人去承担这一切。好像很明显，我

并不害怕失去我的过去。但是，我很害怕失去我的未来。直到最近几年，我才意识到自己有了真正值得去珍惜的人和事。我发现还有好多美好的事情还没发生，还在未来等着我。我特别害怕自己或许再也看不到我儿子第一次骑车，第一次踢足球，第一次从学校毕业，第一次结婚，第一次有自己的孩子。而且，我的职业生涯才刚刚步入正轨。

谢天谢地，最后没有什么大碍。但这让我意识到了一些问题。做完检查后没几天，我就去见了我的私人医生。我告诉她，她要保证我至少能再活20年。她说，她现在看到了更多希望。有些人在22岁时生孩子，这真的是一种恩赐，你会有大把的时间陪孩子长大，完全不用担心。现在有很多父母对她说："请务必保证我的身体不会出问题，至少等我的孩子上完大学。"真叫人心酸！

还有，我不能理解而且感觉有点悲伤的是，为什么我花了这么多的时间在那些毫无意义的事情上面？这么多年，到头来连回忆都算不上。我究竟图什么？我20多岁时的确玩得很开心，参加各种派对，还和朋友在咖啡店闲聊，但我真的要这样整整八年吗？躺在那儿，我多么希望时间可以倒流，让我可以再多几年陪我儿子。为什么当时没有人给我一巴掌，然后告诉我，我这是在浪费生命？

19. 以终为始

我们或会因无知无明，而忽略未来的自己。
——德里克·帕菲特（Derek Parfit），哲学家

若想实现伟业，你将需要：一份计划，以及不那么充裕的时间。
——伦纳德·伯恩斯坦（Leonard Bernstein），作曲家

1962 年，23 岁的法国洞穴学家[1]米歇尔·西弗尔（Michel Siffre）在洞穴里度过了两个月。西弗尔想在没有光照、声音及温度变化且不知道具体时间的情况下生活一段时间。他很好奇，当这些明显的时间标记不存在时，人们将如何感受时间。从洞穴出来后，西弗尔以为自己只待了 25 天，但他实际上待了两个月之久。西弗尔"活得忘记了时间"。几十年过去，更多类似的研究出现。我们现在知道，大脑很难把握一大段没有间隔的时间，我们会将其压缩。日子一天天过去，然后我们会问："时间都去哪儿了?"

　　我们 20 多岁时也可能会"活得忘记了时间"。在学校，我们的时间被很有条理地划分成好几个学期。每个学期都会有课程安排、作业、论文和考试，这些安排和目标让我们的生活得以处于正轨，而且还有老师（或父母）告诉我们要做什么。这是我们一直习惯的生活。但在毕业之后，一切不再相同。时间成了一条漫长的河流。什么时候做什么，以及为什么做，这些问题不再有答案。20 多岁的生活就像在洞穴里一样，令人困惑。一位 20 多岁的年轻人说得好："这就像一场没有答案的考试，也没有考试时间限制，但不管怎样，你最后需要交出一份满意的答卷。"

*　　*　　*

　　斯坦福大学研究员劳拉·卡斯滕森（Laura Carstensen）因为自己 20 多岁时的经历而开始研究时间。卡斯滕森 21 岁时遭遇了严重的车祸，并在医院里经历了好几个月的治疗。如此年轻便直面生死且在医院里有大量的时间来沉思，于是她开始思考年轻人和老年人如何看待自己还能在世上活多久。这些思考让她踏上了有关年龄和时间的研究之旅——人们如何理解年龄，如何理解时间，以及这些理解将如何影响他们的生活。

　　在最新的研究项目中，卡斯滕森以 20 多岁的年轻人为研究对象[2]，来探究人们为什么或为什么不为退休生活存钱。老实说，在我和年轻人进行过的所有心理咨询中，退休规划这个话题几乎从未出现过。20 多岁时能存钱当然好，但一般来讲，支付账单和偿还债务才是他们最紧迫的事。所以，退休并不是我感兴趣的话题，而我真正感兴趣的是这项研究所使用的研究方式。

卡斯滕森在这项研究中使用了虚拟现实技术，它可以让20多岁的年轻人更生动地看见未来的自己。作为实验组，25名被试轮流站在一面虚拟镜子前，镜子里会出现他们老年时的电子形象。作为对照组，另外25名被试站在相同的虚拟镜子前，不过镜子里出现的不是他们未来的电子形象，而是他们现在的电子形象。

然后，研究人员要求所有被试给一份虚拟的退休账户分配资金。那些看见现在自己的被试平均分配了73.90美元，而那些看见未来自己的被试平均分配了178.10美元，比前者的两倍还要多。那些看见未来自己的被试，更愿意也更有能力照顾好未来的自己。

至少在虚拟场景下，这项研究很生动地展现出了人类行为中的一个关键问题：现时偏见[3]。现时偏见，指的是相较于未来的奖励和结果，我们往往会更喜欢即时的奖励和结果。我们会更喜欢现在就得到100美元，而不是明年得到150美元。我们会更喜欢今天吃巧克力蛋糕，明天再去健身房。我们会更喜欢今天先买新牛仔裤，下一月再还信用卡账单。这不是20多岁年轻人的问题，而是整个人类的问题：成瘾、拖延、健康问题、石油消耗、气候变化以及为退休生活存钱。通常而言，我们很难去想象未来，并为未来着想。

不过，20多岁的年轻人尤其会受到现时偏见的影响。他们的大脑仍处于发育阶段，他们还在不断培养自己为未来着想的能力。不仅如此，当他们确实在生活中面临困境，而紧张不安地向朋友或长辈寻求帮助时，他们得到的却往往是一阵宽慰："没事的，都会过去的，你有的是时间。"

与此同时，关于20多岁的陈词滥调，还有什么"我们只活一次""趁着年轻，尽情享乐"。这些信息都在诱使年轻人做出一些冒险的，或是一位研究者所指出的"活在当下的行为"[4]：开派对，交往多个性伴侣，逃避责任，游手好闲，没有一份真正的工作。但实际上，这些并不会让他们快乐太久。

20多岁的年轻人一而再再而三地听别人说，他们还有大把的时间去面对那些烦人的成年人生活，但他们的青春小鸟，则将一去不回。这很容易让他们选择"活在当下"，而不是花些功夫为未来着想。

* * *

一天下午，我在逛服装店时，无意间听到两名20多岁店员的对话。其中一名男店员一边叠着衣服，一边和旁边的女店员说："所有人都劝我戒烟，可是我为什么要戒烟？就为了活到95岁，而不是85岁？谁想要多活这10年？你都老了，所有的朋友都不在了，你还有什么生活可言？如果戒烟能让我重回20多岁，那么我愿意。我现在28岁。我为什么要放弃这些让我开心的事，而就为了活到90多岁？"

听到这番话，我有点想让他站在虚拟镜子前，看一看未来的自己：无论多大年龄，肺癌都不会是他想要的。或者，我至少可以和他聊一下，问他如果 31 岁还在叠衣服将作何感受。不过，当时不是工作时间，我选择了闭嘴。

只是，那天剩下的时间以及后来的许多天里，我都在思考他说的话。对我来说，重点不是戒烟，甚至也非健康，而是时间。我理解他说的享受现在，但我注意到，对他而言，仿佛 28 岁到 85 岁这段时间统统都不存在；人生不是 20 多岁，就是 80 多岁。他完全没有提到，他 30 多岁、40 多岁、60 多岁或 70 多岁时的人生将会如何，更不用说他或许同样希望自己能活到且健康地活到这些年岁。他的现在停在了"朋友就是一切"的 20 多岁，但他的未来不会停止，他的人生将继续向前。

在许多文化里，人们会通过死之象征物（比如骷髅头或枯萎的花）来提醒我们生命的短暂。过去的几个世纪里，人们坐着画肖像时，经常会拿着一朵枯萎的玫瑰或戴着一块骷髅头形状的手表，来表示死亡正一步步逼近。不过，从我的实务经验来看，许多 20 多岁的年轻人（尤其是那些和其他同龄人在一起的年轻人）需要被提醒，人生正一步步逼近；他们需要生之象征物或者其他方式来提醒他们，人生不会停在 20 多岁，人生将继续向前，而他们可能想拥有自己想要的人生。

* * *

雷切尔从公共卫生硕士研究生项目辍学之后，便一直在餐厅里做吧台服务生。她不喜欢医学研究，觉得自己本科所学的美国研究专业更适合学法学。但问题在于，辍学两年，她依然没有做出任何行动；法学博士似乎离她遥遥无期。

雷切尔在餐厅上晚班。餐厅打烊后，她通常会和其他服务生一起玩到很晚。第二天她会睡个懒觉，下午再试着联系那些不工作的朋友。有一天玩到深夜，她的闺蜜在她那儿过夜。第二天上午 10 点，她的闺蜜直接从床上跳了起来，然后说：“我的天啊！不敢相信，我居然睡了这么久！我还有好多事要做，我得走了！”那天，雷切尔颇为不好意思地承认道，她一般会睡到第二天中午。“我没办法专心下来，”她说，“我没办法掌控自己的时间。”

我问她，是什么让她没办法专心下来。雷切尔抱怨道，她的排班时间让她和整个世界都脱节了。她表示，工作上总会有一些琐碎的跑腿的事情，还有同事的闲聊；休息时，她会“一直追电视剧《法律与秩序》，还时不时会冒出一些神奇的想法”。她表示，甚至当她想专心下来做点事时，很容易就会分神。“我盯着电脑，想找以前的助教帮忙写推荐信，用来申请法学院之类的。我知道我应该这样做。但当别人发信息给我或找我聊天时，我会感觉如释重负，”她说，“就这样，我最后想别的事情去了。”

一天下午，雷切尔在帮别人代完午班后来到我的心理咨询室。她一边坐下来，一边颇为不悦地把包甩在沙发上，然后咕哝道：“我真是受够了餐厅的工作。中午的那些顾客太讨厌了，他们凭什么这样对待我？我一直觉得只要我愿意，我也可以有和他们一样的工作。”

当来访者受够了某件事，而我也受够了听某件事时，这通常意味着是时候做出改变了。"那我们来聊聊，"我回道，"你说，你可以有和谁一样的工作？"

"那些律师，我并不觉得他们比我更聪明……"

"嗯，他们可能并不比你更聪明，但他们现在的确有一些东西你没有。"

"比如法学院，我知道。"

"不仅如此，还有法学院入学考试、学校申请、推荐信、面试、三年的研究生学习、暑期实习、司法考试以及找工作。"

"我知道，我知道。"她低吼道。

我不再言语，等雷切尔的气消一些，然后说："你一定感觉我是在逼你。"

"我知道你只是在履行你的职责。但现在像工作、结婚之类的事比以前都要晚，大家的人生到 30 岁才真正开始。"

我想起我的一些 30 多岁的来访者，然后说："30 岁才开始真正的人生，绝不等于 30 岁拥有真正的人生。"我走到办公桌前，拿出一块写字板、几张纸和一支铅笔，"我来画一条时间线，你帮我填上时间。"

"我才不要画时间线，"雷切尔拉长了音调，一脸不情愿，"我才不要变成那种还单身就想着订婚的女生。我跟所有人都说，我40 岁时结婚，45 岁时生孩子。我才不要画什么时间线。"

"但听上去你很需要。"我回道。

*　　*　　*

20多岁的年轻人尤其容易受到现时偏见的影响。在他们心里，未来和现在之间的距离⁵仿若天之涯，海之角。爱情或工作似乎都还在遥远的以后，就像雷切尔所说的那样，大家的人生到30岁才真正开始。而且，当他们和那些同样"活在当下"的同龄人在一起时，未来似乎显得更加遥遥无期，或与自己毫无关系。甚至当我们想到自己最终会在别处安家时，未来和我们之间的物理距离似乎也显得更加遥远。

但问题在于，未来感觉越是遥远，则越是抽象；未来越是抽象，感觉则越是遥远；如此循环往复。换句话说，爱情和工作感觉越是遥远，我们则越不会去思考它们；我们越不去思考它们，爱情和工作则感觉越是遥远。为了让雷切尔的未来离她再近一点，让她的想法再具体一点，我开始在纸上画时间线。

"你现在26岁，你打算什么时候开始申请法学院？"我一边问，一边准备填上时间。

"我不知道，你这样让我很紧张，"她笑说，"我肯定不想明年或怎样，但肯定会在30岁之前，我不想30岁还在做服务生。"

"好，如果你在30岁开始申请法学院，那会有三年的研究生学习。在那之前，至少需要一年准备法学院入学考试、申请材料和推荐信，"我一边写，一边大声说，"毕业后，你估计还需要一年的时间来通过司法考试和找工作。那至少是五年。所以，如果你30岁开始申请，那么你大概需要五年来成为餐厅里的那些律师。那时你35岁，听上去如何?"

"听上去还行……"

"你说你想什么时候结婚? 40岁?"我继续写着。

雷切尔开始有些犹豫。

"然后45岁生孩子?"我一边问，一边将铅笔停在了时间线上，"你是认真的吗?"

"不，不是。我只是说这些事情对我来说还很遥远，我还不想考虑这些。"

"这就是问题所在。你把这些事情放在了很远的地方，让一切都变得模糊不清。所以你到底想什么时候结婚和生孩子?"我一边问，一边擦掉刚写的时间。

"生孩子的话，肯定是在35岁之前。所以，我应该会在那之前结婚，我才不要成为一名大龄产妇。"

"听上去合理了一些，"我一边说，一边修改时间，"那么，在30～35岁这个年龄段，法学院、结婚和生孩子这些事情都挤在一起。这样看，这五年你还挺忙的，一边上学，一边生孩子，你感觉如何?"

"呃，感觉不太好，我不想这样。而且就算我35岁生孩子，我也不想立马全职工作。"

"那你可以现在结婚，然后生孩子吗?"

"不可以! 杰伊博士! 我现在还没有男朋友!"

"雷切尔，人生不是做加减法。你计划在30～35岁这个年龄段做这些事，但你又说，你不想要同时做这些事。"

"对，我不想。"

"如果这样，那么你现在就需要开始申请法学院了。"

"而且，我现在也需要更认真地对待爱情了。"雷切尔说。

"或许是吧。"我回答。

*　　*　　*

当未来离雷切尔不再那么遥远时，事情开始变得更加清晰和具体。她买了法学书。她列了一张清单，在上面写下自己和餐厅那些律师之间的所有差距。为了提升自己的背景，她辞掉了餐厅的工作，并开始在一家律师事务所工作，且设法拿到了几封推荐信。为了弥补自己并不出众的大学经历，她投入了大量的时间和精力，以求在法学院入学考试上取得漂亮的成绩。大约两年后，雷切尔被宾夕法尼亚州的一所法学院成功录取。

虽然雷切尔听说"现在像工作、结婚之类的事比以前都要晚"，但这句话对于20多岁的她究竟意味着什么，她并不清楚。当她知道自己30多岁时想要什么样的生活时，她便清楚自己20多岁时应该做什么，而且发现时间变得更加急迫。时间线或许不是虚拟镜子，但它可以帮助大脑直面时间的真相：时间是有限的。它让我们有了每天早起并让人生继续向前的动力。

20多岁时，我们需要开始创建自己的课程安排、自己的计划和自己的未来。没错，如何开始自己的职业生涯，或是什么时候开始组建家庭，这些问题并不容易回答。而且，我们很容易就被各种事情分神，感觉未来似乎还很遥远。但那些"活得忘记了时间"的年轻人通常过得并不开心。他们就像生活在洞穴里一样，不知道时间，也不知道自己要做什么，或为什么做。直到未来某天，才发现为时已晚。

雷切尔在读法学院期间，给我发了下面这段话：

> 我原以为只要我不去想成年人的这些事，时间就会停止。但它并没有停止。它依然往前走。我身边的人也依然往前走。我现在知道，我也需要往前走，而且需要一直往前走。现在，我会尝试提前做一些安排，如五公里长跑或暑期实习，这样我可以学着多为未来着想。
>
> 另外，我在这最好的朋友是一位住院医师。她今年33岁，几乎刚好比我大5岁。真的难以置信，她现在已经过了30岁，然而，她现在的人生居然和我的差不太多。这让我不禁想到，我的20多岁快要结束了，我希望自己能够珍惜这最后无拘无束的日子。不过，我还是很开心能在学校里读书，甚至还在镇上的律师事务所提供法律援助。实际上，我很期待自己未来能有健康保险和退休金。我想享受自己的20多岁，不过，我也想要圆满的结局。

如何获得圆满的结局？约翰·艾文（John Irving）应该最有发言权。艾文是我最喜欢的小说家之一，他创作了许多广为流传的史诗级作品，而作品最后总能画上圆满的句号。秘诀是什么？

他说，"我总会从最后一句话开始写起 [6]，然后从后往前推故事的每一个情节，一直到开头。"这听上去好像很费力，尤其是对比于我们所以为的，那些伟大作家都是行云流水，跟着故事的感觉走。艾文让我们知道，好的故事以及圆满的结局，其实更加"以终为始"。

大部分年轻人没办法写出人生的最后一句话，但如果你硬要他们想一想，他们通常还是可以说出自己在30多岁、40多岁或60多岁时想要什么（或不想要什么），然后再以此从后往前推。这样，我们便可以创作出属于自己的史诗级作品；这样，我们便可以描绘出自己想要的圆满结局；这样，我们便可以活出自己真正想要的人生。

后记 我的未来会好吗

> 活到我这个岁数，最妙的一点莫过于：你知道自己的人生如何活过。
>
> ——斯科特·亚当斯（Scott Adams），漫画家

就在落基山国家公园外，有一块标志，上面写着硕大的几个字：山野无情[1]。这块标志是为了提醒入山者要做好准备，包括如何应对闪电、雪崩，并准备好相应的装备。我在第一次看见这块标志时，大概 25 岁。这句话很吓人，但我记得我当时立马就喜欢上了这句话。它对我颇有意义，正如字面所言，它在提醒我，当我走入山野时，我必须清楚自己所走入的山野并做足准备。如果我在傍晚的山顶遭遇雷雨天气，它才不会管我是不是马上就要下山，或者我是不是一个好人。成年人的生活，莫过于此。成年人的生活，同样无情。不过，最明智的做法是尽可能多去了解相关的信息并做足准备。

我所有 20 多岁的来访者基本都曾以某种方式问过我："我的

未来会好吗？"这个问题背后透露着对未来的不确定。正是这样的不确定让我们20多岁时的人生变得如此艰难，但也正是这样的不确定让我们20多岁时的选择和行动变得如此必要和充满可能。不知道未来将会怎样，的确会令人不安；而且，从某种程度上说，当我们想到自己20多岁时的选择和行动或许会决定自己的未来时，的确更容易让人畏缩不前。

如果我们20多岁时做过的工作、谈过的恋爱可以不算数的话，那恐怕许多人都会松一口气。但我在成人发展领域的学习和研究告诉我，这几乎如同痴人说梦。而且，20多年来的心理咨询和教学工作告诉我，这些20多岁的年轻人，在内心深处依然想被认真对待，并希望自己的人生也可以被认真对待。他们希望了解他们所做的事情很重要；而且事实上，他们做的事情也的确很重要。

未来会好吗？关键在于你如何定义"好"。人生没有标准答案。人生没有所谓的"好"或"不好"，但会有"选择"和"结果"。作为20多岁的年轻人，你需要知道自己的选择以及相应的结果；只有这样，当你最后得到相应的结果时，才不会感觉惊讶。当你老去，最妙的一点莫过于：你知道自己的人生如何活过，尤其是你若正做着自己喜欢的事。20多岁时，你若开始留意自己脚下的路，就会发现人生最曼妙的风景还在前面。

当我看见"山野无情"这句话时，我正准备前往落基山脉进行背包旅行。估计是因为这句话让我颇为紧张，所以我在经过山林管理处时停了下来，让护林员帮我看了一下我的行程安排。为了在第一个山谷扎营，我需要先走上好几公里，然后沿"之字形"穿过碎石坡，再沿"对角线"翻过陡峭雪坡，抵达山口处，接着再越过山脊，赶在日落之前从另一边下山。

其实，这不算特别危险。而且，我不仅有经验，也有相应的装备。不过，我需要尽快翻过雪坡，以防日照时间太久，容易打滑。我知道自己应该以怎样的速度行进，也知道雪坡的坡度，但我还是感觉颇为紧张。

在收拾地图准备离开时，我犹豫着问道："你觉得我能行吗？"

护林员看着我说："这得你自己决定。"

那时，我对他的回答颇为不屑。现在，我不禁想嘲笑当时的自己。他想告诉我的，正是我正想告诉你的，也正是这本书的核心思想。未来充满未知，也充满无限可能。请你把握机会，把握时间，以终为始。请你踏入职场，选择你的家庭，创造自己的已知，认识自己，认识世界。在 20 多岁时不留遗憾。

你正在决定自己的人生。

致　　谢

"不要写书，除非你没办法不写。"一位同事提醒我。我知道，谈论别人的经历需要我慎之又慎。但在这么多 20 多岁、30 多岁及 40 多岁的来访者向我倾诉他们最难熬、最具决定性的时刻和生命故事之后，我没办法不将这些珍贵的经历和经验分享给更多人。我想在此感谢所有来访者。可以说，没有他们就不会有这本书。没有他们，我也不会写这本书。

与此同时，我想要由衷地感谢我在加利福尼亚大学伯克利分校及弗吉尼亚大学的学生。女权主义理论家格洛丽亚·吉恩·沃特金斯（Gloria Jean Watkins）曾说："教育是一个人对另一个人的影响。"但多年来，学生们对我的影响或许要多过我对学生们的影响，尤其是"海上学府"项目的学生。和你们一边吹着太平洋和印度洋的风，一边上课吃饭聊天，不仅为这本书注入了新的生命，而且还让修订的过程变得尤为愉快。航旅 128：世界正翘首以盼！

另外，我还想要感谢所有的读者，数量之多，远超我最开始坐下来写这本书时所想象的。多年以来，我很高兴收到许多读者的来信和反馈。正因为读者在不断阅读这本书并推荐给自己所爱的人，所以我才有机会重新修订这本书，要知道人生可没有那么多"重新来过"的机会。

而且，我需要向乔纳森·卡普（Jonathan Karp）致以最诚挚的谢意。当我提出以 20 多岁的年轻人为主题，开启一段新的对话和讨论时，他不仅对我的想法表达了支持，而且还鼓励我要坚信自己的想法，并通过有趣的故事来表达我的想法。虽然我可能做得不是太好，但这份支持和鼓励依然铭记于心。感谢苏珊·莱曼（Susan Lehman）在读完初稿后分享了许多宝贵的建议，供我进一步调整润色。感谢加里·戈尔茨坦（Cary Goldstein）编辑完终稿后，毫不犹豫地将其交付印刷。感谢肖恩·德斯蒙德（Sean Desmond）对我另一本书《我们都曾受过伤，却有了更好的人生》的厚爱，并支持我重新修订这本书。最后，我还要感谢布赖恩·麦克伦登（Brian McLendon）一直以来的支持和帮助。

言语也无法表达我对于图书编辑蒂娜·贝内特（Tina Bennett）的钦慕和感谢。她不仅是一位孜孜不倦的合作伙伴、一流的编辑，而且是一名敏锐的思想家、一个真正善良的人。也许到了四五十岁，人生中那些决定性的时刻相比于 20 多岁会少得多，但对于蒂娜而言，活出人生的精彩或许已不再受到年龄的限制。

最后，我想感谢我的家人给我的生命带来了价值和意义，这些我在 20 多岁时未能全部懂得。感谢我的丈夫，给予我无尽的包容和理解：无数次地讨论这本书，并无条件地为这本书做出让步。我还想感谢我的孩子们，在我写作时非常耐心地在书房外等待，尤其是当他们实在等不了而本可以破门而入时。

当你老去，最妙的一点莫过于：你知道自己的人生如何活过。

译者后记　人生没有标准答案

　　我特别喜欢书中写的"人生没有标准答案。人生没有所谓的'好'或'不好'，但会有'选择'和'结果'"。

　　说得真好。

　　从小到大，我似乎一直都在追寻着别人眼中的"好"——好的成绩、好的工作、好的伴侣、好的未来、好的一切。

　　但后来，我慢慢发现，这些"好"都只是别人的定义。

　　于是，我开始反抗权威，挑战传统。

　　于是，我开始创造属于自己的人生，定义属于自己的"好"。

　　于是，我开始决心要做自己，成为自己，云云。

　　但这依旧是追寻着某种意义上的"好"。

　　我曾经一直有个困惑：大树，就一定要比小草更好吗？

　　而我是要成为一棵大树，还是做一棵小草也无妨？

　　现在想来，我会这样回答：

　　大树也好，小草也罢，重要的不是你选择什么，而是你是否清楚这个选择背后的代价和结果。

大树，也是一种人生。

小草，也是一种人生。

只是，在选择前以及选择中，你需要知道这个选择究竟意味着什么，你需要付出什么，你将会得到什么，你真正在意什么，你真正想要什么。

这样，你才可以说，落子无悔。

人生虽没有标准答案，但人生的答案正藏在你每一次的选择之中。

所以，请你好好把握。

陈能顺

2021 年 2 月于北京

注　　释

前言　什么是不可辜负的十年

1. **波士顿大学和密歇根大学的研究人员**　W. R. Mackavey, J. E. Malley, and A. J. Stewart's article "Remembering Autobiographically Consequential Experiences: Content Analysis of Psychologists' Accounts of Their Lives" in *Psychology and Aging* 6 (1991): 50–59. 该研究中，决定性时刻是按人的发展阶段划分的，而非十年。为了判断哪十年包括最多的决定性时刻，我将原研究数据进行了二次分析，重新算出每一年决定性时刻的平均数量，然后以十年为分割线进行加总对比。

引言　真正的人生

1. **凯特父母那一代**　若想更全面地了解婴儿潮一代与 21 世纪年轻人有何不同，参见：Neil Howe and William Strauss's book *Millennials Rising: The Next Great Generation* (New York:

Vintage, 2000).

2. **美国平均房价为 20 000 美元**　美国历史房价参见：http://www.census.gov/hhes/www /housing/census/historic/values.html.

3. **社会文化出现了巨大变化**　更多有关 21 世纪年轻人的信息，参见皮尤研究中心 2010 年研究报告："Millennials: Confident. Connected. Open to Change"；或访问 http:// pewresearch.org/millennials.

4. **"单身经济"**　"The Bridget Jones Economy: Singles and the City—How Young Singles Shape City Culture, Lifestyles, and Economics" in *The Economist*, December 22, 2001.

5. **"遇见巨婴"**　《时代周刊》2005 年 1 月 16 日的文章头条，标题为"遇见巨婴"（Meet the Twixters），作者是列夫·格罗斯曼（Lev Grossman）。格罗斯曼在这篇广受欢迎的文章中，详细地谈到经济、社会及文化上的变化如何让 20 多岁的年轻人感觉被夹在"未成年与成年"之间。

6. **"奥德赛时光"**　引自："The Odyssey Years" by David Brooks for the *New York Times*, dated October 9, 2007.

7. **还有人说，20 多岁是成年前的演习**　研究员杰弗里·詹森·阿奈特（Jeffrey Jensen Arnett）发明了"成年前的演习"这个词，并以此指代 18 ～ 25 岁这个年龄段。阿奈特针对该年龄段做出了非常出色的研究，有一些我同样在本书中加以引用。不过我没有直接使用"成年前的演习"这个词，因为我在这讨论的是整个 20 多岁。而且在我看来，20 多岁也属于成年阶段，而非成年前的演习；这样的描述可能不会让年轻人感觉被尊重或被重视。

8. "尚未成年" Richard Settersten and Barbara E. Ray's book *Not Quite Adults: Why 20-Somethings Are Choosing a Slower Path to Adulthood, and Why It's Good for Everyone* (New York: Bantam Books, 2010).

9. Instagram 上 85% 的网红 https://www.statista.com/statistics/893733/share-influencers-creating-sponsored-posts-by-age/.

10. 不老 "10 Ideas Changing the World Right Now" by Catherine Mayer for *Time* magazine, March 12, 2009.

11. 好几段不同的工作经历 Jeffrey Jensen Arnett's *Emerging Adulthood: The Winding Road from the Late Teens Through the Twenties* (New York: Oxford University Press, 2015).

12. 更高的学历以及更多的工作经验 参见皮尤研究中心统计数据：https://www.pewresearch.org/fact-tank/2019/10/29/share-of-young-adults-not-working-or-in-school-is-at-a-30-year-low-in-u-s/.

13. 不少年轻人发现美国国内的就业环境变得愈发严峻 若想深入了解后现代经济情况及其影响，参见：Richard Sennett's article "The New Political Economy and Its Culture" in *The Hedgehog Review* 12 (2000): 55 - 71.

14. 第一份工作也往往是一份无薪实习 关于无薪实习的竞争，请阅读："Unpaid Work, but They Pay for the Privilege"by Gerry Shih for the *New York Times*, August 8, 2009.

15. **大约一半的年轻人正处于失业或"就业不足"的状态** 参见皮尤研究中心统计数据：https://www.pewresearch.org/fact-tank/2014/05/30/5-facts-about-todays-college-graduates/.

16. **三分之一的年轻人将会经历搬家** chapter1 of Jeffrey Jensen Arnett's *Emerging Adulthood: The Winding Road from the Late Teens through the Twenties* (New York: Oxford University Press, 2015).

17. **大约40%的人会选择回家** Jeffrey Jensen Arnett's *Emerging Adulthood: The Winding Road from the Late Teens Through the Twenties* (New York: Oxford University Press, 2015).

18. **学生贷款（大学毕业生平均约负贷30 000美元）** 参见学生贷款项目：http://projectonstudentdebt.org.

19. **20多岁会是我们一生中最孤独的时期之一** C. R. Victor and K. Yang, "The Prevalence of Loneliness among Adults: A Case Study of the United Kingdom." *Journal of Psychology* 146(1‐2)(2012): 85‐104.

20. **"生命难题"** Kirsten G. Volz and Gerd Gigerenzer. "Cognitive Processes in Decisions under Risk Are Not the Same as in Decisions under Uncertainty." *Frontiers in Neuroscience* 6(2012): 105.

21. **美国心理学会2018年的一项报告** "Stress in America: Generation Z", https://www.apa.org/news/press/releases/stress/2018/

stress-gen-z.pdf.

22. "这些孩子实际上不会有什么问题" "The Kids Are Actually Sort of Alright" by Noreen Malone for *New York* magazine, October 24, 2011.

23. "希望可以当早餐，但不能当晚餐" 引自弗朗西斯·培根爵士。

24. 30 多岁时想同时兼顾所有事情，困难重重 Suzanne M. Bianchi, "Family Change and Time Allocation in American Families." *Annals of the American Academy of Political and Social Science* 638, no. 1 (2011): 21–44; "Delayed Child Rearing, More Stressful Lives" by Steven Greenhouse for the *New York Times*, December 1, 2010.

25. 关键期 准确地讲，应称为"敏感期"。关键期指的是在这段时期里，如果某项能力或特质没有被培养出来，在此之后则无法培养；敏感期指的是在这段时期里最容易培养。我之所以使用"关键期"这个词，一方面是因为它更为大众化，另一方面则是为了和本章开头乔姆斯基的名言保持一致。在其中，他同样模糊了敏感期与关键期的区别。

26. "20 多岁的年轻人有什么特质？" "What Is It About 20-Somethings?" by Robin Marantz Henig for the *New York Times*, August 18, 2010.

27. "为什么他们不能再成熟一点？" 摘自《时代周刊》2005 年 1 月 16 日的文章头条，标题为"遇见巨婴"，作者是列夫·格罗斯曼。

工作
身份资本

1. **"你听说过爱利克·埃里克森这个人吗？"** 埃里克森的故事在许多地方都出现过。若想深入了解，参见：Lawrence J. Friedman's book *Identity's Architect: A Biography of Erik Erikson* (New York: Scribner, 1999)。

2. **"身份资本"** 该术语由社会学家詹姆斯·科特所创。其完整释义参见：Côté's book *Arrested Adulthood: The Changing Nature of Maturity and Identity* (New York: New York University Press, 2000). 释义在第208—212页。

3. **人们如何解决身份认同危机** J. E. Marcia's research paper "Development and Validation of Ego-Identity Status" in *Journal of Personality and Social Psychology 3* (1966): 551–558; J. E. Côté and S. J. Schwartz's article "Comparing Psychological and Social Approaches to Identity: Identity Status, Identity Capital, and the Individualization Process" in *Journal of Adolescence* 25 (2002): 571–586; S. J. Schwartz, J. E. Côté, and J. J. Arnett's article "Identity and Agency in Emerging Adulthood: Two Developmental Routes in the Individuation Process" in *Youth Society* 2 (2005): 201–220。

4. **"无谓的迷茫"** 摘自爱利克·埃里克森的经典作品：*Identity: Youth and Crisis* (New York: Norton, 1968).

5. "异化和伤害"　引文来自："How a New Jobless Era Will Transform America" by Don Peck for *The Atlantic*, March 2010.

6. 比那些充分就业的同龄人更加缺乏动机　"Stop-Gap Jobs Rob Graduates of Ambition," Rosemary Bennett reports on new research by Tony Cassidy and Liz Wright presented to the British Psychological Society in *The Times* (London), April 5, 2008.

7. 与20多岁时失业相关联的，是中年时期的酗酒问题和精神抑郁 K. Mossakowski's research article "Is the Duration of Poverty and Unemployment a Risk Factor for Heavy Drinking?" in *Social Science and Medicine* 67 (2008): 947–955.

8. 带来超乎预料的影响　"How a New Jobless Era Will Transform America" by Don Peck for *The Atlantic*, March 2010；"Hello, Young Workers: The Best Way to Reach the Top Is to Start There" by Austan Goolsbee for the *New York Times*, May 25, 2006.

9. "在你20多岁时，你一生能赚多少钱就已经基本确定了"　参见2015年《华盛顿邮报》的文章：https://www.washingtonpost.com/news/wonk/wp/2015/ 02/10/your-lifetime-earnings-are-probably-determined-in-your-twenties/.

10. 收入的高峰期及稳定期是在40多岁　"The Other Midlife Crisis" by Ellen E. Schultz and Jessica Silver-Greenberg for the *Wall Street Journal*, June 18, 2011；以及上述2015年《华盛顿邮报》文章，https:// www.washingtonpost.com/news/wonk/wp/2015/ 02/10/your-lifetime-earnings-are-probably-determined-in-

your-twenties/.

弱连接

1. **"城市部落"** 究竟是谁创造了这个术语，仍有争议。有人说是法国社会学家米歇尔·马费索利（Michel Maffesoli），参见：*Le temps des tribus: Le déclin de l'individualisme dans les sociétés de masses (The Time of Tribes: The Decline of Individualism in Postmodern Society)* in 1988；还有人说是美国作家伊森·沃特斯，他曾在 2001 年《纽约时报杂志》撰文讨论"城市部落"，并于 2003 年出版同名图书。

2. **"世界上最受欢迎的情景喜剧"** " Why Friends Is Still the World's Favorite Sitcom, 25 Years On " in *The Economist*; https://www.economist.com/prospero/2019/09/20/why-friends-is-still-the-worlds-favourite-sitcom-25-years-on.

3. **《弱连接的强大之处》** 马克·格兰诺维特的研究论文，请参见：" The Strength of Weak Ties " in *American Journal of Sociology* 78 (1973): 1360–1380；" The Strength of Weak Ties: A Network Theory Revisited " in *Sociological Theory* 1 (1983): 201–233.

4. **"物以类聚，人以群分"** M. McPherson, L. Smith-Lovin, and J. M. Cook's article " Birds of a Feather: Homophily in Social Networks " in *Annual Review of Sociology* 27 (2001): 415–444. 这句话在第 415 页。

5. **同质性小群体** D. M. Boyd and N. B. Ellison's article " Social

Network Sites: Definition, History, and Scholarship" in *Journal of Computer Mediated Communication* 13 (2008): 210 - 230.

6. **"强连接的弱点"**　参见：R.Coser's article " The Complexity of Roles as a Seedbed of Individual Autonomy" in *The Idea of Social Structure: Papers in Honor of Robert K. Merton*, edited by L. A. Coser (New York: Harcourt Brace Jovanovich, 1975)；这句话在第 242 页。或参见：Rose Coser's book *In Defense of Modernity* (Stanford, CA: Stanford University Press, 1991)。这本书谈到，复杂多样的社会角色如何让个人财富越来越多。

7. **我没有……通过任何卑躬屈膝的方式来赢得他的支持** *The Autobiography of Benjamin Franklin,* edited by J. Bigelow (Philadelphia: Lippincott, 1900, facsimile of the 1868 original). 这段话在第 216 页到 217 页。

8. **被社会心理学家证实**　若想了解更多关于富兰克林效应的讨论，参见：J. Jecker and D. Landy's article " Liking a Person as a Function of Doing Him a Favour" in *Human Relations* 22 (1968): 371 - 378；Yu Niiya, " Does a Favor Request Increase Liking toward the Requester?" *Journal of Social Psychology* 156, no. 2 (2016): 211 - 221.

9. **助人即助己**　S. G. Post's article " Altruism, Happiness, and Health: It's Good to Be Good " in *International Journal of Behavioral Medicine* 12 (2005): 66 - 77.

10. **"助人快感"**　A. Luks's article " Doing Good: Helper's High " in

Psychology Today 22 (1988): 39 - 40.

11. **对于他们来说，帮助后辈，便是在帮助自己**　爱利克·埃里克森不只写过青年人相关著作，他还首次提出了从出生到死亡的心理社会发展阶段理论。该理论包括八个发展阶段，其中最后两个阶段为繁衍和自我整合，分别发生于成年期和成熟期。在这两个阶段，人们会追求意义感和使命感，而帮助别人便是最好的方式之一。

12. **成年人的社交圈会随着年龄的增长而变得越来越窄**　Cornelia Wrzus, Martha Hänel, Jenny Wagner, and Franz J. Neyer. "Social Network Changes and Life Events across the Life Span: A Meta-analysis." *Psychological Bulletin* 139, no. 1 (2013): 53；L. L. Carstensen, D. M. Isaacowitz, and S. T. Charles's article "Taking Time Seriously: A Theory of Socioemotional Selectivity" in *American Psychologist* 54 (1999): 165 - 181.

未知的已知

1. **果酱实验**　S. Iyengar and M. Lepper's article "When Choice Is Demotivating: Can One Desire Too Much of a Good Thing?" in *Journal of Personality and Social Psychology* 79 (2000): 995 - 1006；Iyengar's book *The Art of Choosing* (New York: Twelve, 2010).

2. **"未知的已知"**　该术语由精神分析学家克里斯托弗·博拉斯所创。

Instagram 上的完美人生

1. **使用社交媒体大多是为了关注别人的动态**　A. Joinson's study "Looking At, Looking Up, or Keeping Up with People? Motives and Uses of Facebook," presented at the Proceeding of the 26th Annual SIGCHI Conference on Human Factors in Computing Systems (2008); C. Lampe, N. Ellison, and C. Steinfield's article "A Face(book) in the Crowd: Social Searching vs. Social Browsing," presented at the Proceedings of the 2006 20th Anniversary Conference on Computer Supported Cooperative Work.

2. **花更多的时间看别人发的帖子**　T. A. Pempek, Y. A. Yermolayeva, and S. L. Calvert's article "College Students' Social Networking Experiences on Facebook" in *Journal of Applied Developmental Psychology* 30 (2009): 227–238.

3. **你的朋友长得好不好看**　J. B. Walther, B. Van Der Heide, S-Y Kim, D. Westerman, and S. T. Tong's article "The Role of Friends' Appearance and Behavior on Evaluations of Individuals on Facebook: Are We Known by the Company We Keep?" in *Human Communication Research* 34 (2008): 28–49.

4. **玩 Instagram，而不是 Facebook**　有关 2019 年的使用情况，参见皮尤研究中心统计数据：https://www.pewresearch.org/fact-tank/2019/04/10/share-of-u-s-adults-using-social-media-including-facebook-is-mostly-unchanged-since-2018.

有关全球范围的使用情况，参见伦敦政治经济学院的研究论文：
https://info.lse.ac.uk/staff/divisions/communications-division/
digital-communications-team/assets/documents/guides/
A-Guide-To-Social-Media-Platforms-and-Demographics.pdf.

5. **世界上最大的社交媒体**　有关最新的统计数据，参见伦敦政
治经济学院的研究论文：https://info.lse.ac.uk/staff/divisions/
communications-division/digital-communications-team/assets/
documents/guides/A-Guide-To-Social-Media-Platforms-and-
Demographics.pdf.

6. **每天使用的社交媒体包括**　https://www.pewresearch.org/fact-
tank/2019/04 /10/share-of-u-s-adults-using-social-media-
including-facebook-is-mostly-unchanged-since-2018/.

7. **装在世界各地20多岁年轻人的口袋里**　有关全球的手机使用
情况，参见皮尤研究中心统计数据：https://www.pewresearch.
org/global/2019/02/05/smartphone-ownership-is-growing-
rapidly-around-the-world-but-not-always-equally/.

8. **"如果 YouTube 是一个国家"**　https://info.lse.ac.uk/staff/
divisions/communications-division/digital-communications-
team/assets/documents/guides/A-Guide-To-Social-Media-
Platforms-and-Demographics.pdf.

9. **但并非全部**　N. Kreski, J. Platt, C. Rutherford, M. Olfson, C.
Odgers, J. Schulenberg, and K. M. Keyes. "Social media use and
depressive symptoms among United States adolescents." *Journal of*

Adolescent Health (2020).

10. **所用的社交媒体越多**　Brian A. Primack, Ariel Shensa, César G. Escobar–Viera, Erica L. Barrett, Jaime E. Sidani, Jason B. Colditz, and A. Everette James. "Use of Multiple Social Media Plat forms and Symptoms Of Depression and Anxiety: A Nationally–Representative Study among US Young Adults." *Computers in Human Behavior* 69 (2017): 1–9.

11. **他们会更容易感觉焦虑、抑郁**　Liu Yi Lin, Jaime E. Sidani, Ariel Shensa, Ana Radovic, Elizabeth Miller, Jason B. Colditz, Beth L. Hoffman, Leila M. Giles, and Brian A. Primack. "Association between Social Media Use and Depression among US Young Adults." *Depression and Anxiety* 33, no. 4 (2016): 323–331; Ariel Shensa, César G. Escobar– Viera, Jaime E. Sidani, Nicholas D. Bowman, Michael P. Marshal, and Brian A. Primack. "Problematic Social Media Use and Depressive Symptoms among US Young Adults: A Nationally–Representative Study." *Social Science & Medicine* 182 (2017): 150–157; Heather Cleland Woods and Holly Scott. "#Sleepyteens: Social Media Use in Adolescence Is Associated with Poor Sleep Quality, Anxiety, Depression and Low Self–esteem." *Journal of Adolescence* 51 (2016): 41–49.

12. **自尊低下**　E. A. Vogel, J. P. Rose, L. R. Roberts, and K. Eckles. "Social Comparison, Social Media, and Self–Esteem."

Psychology of Popular Media Culture 3(4) (2014): 206.

13. 更容易产生饮食失调的问题　Jaime E. Sidani, Ariel Shensa, Beth Hoffman, Janel Hanmer, and Brian A. Primack. "The Association between Social Media Use and Eating Concerns among US Young Adults." *Journal of the Academy of Nutrition and Dietetics* 116, no. 9 (2016): 1465–1472.

14. 被错失恐惧症（FOMO）所困扰　Amandeep Dhir, Yossiri Yossatorn, Puneet Kaur, and Sufen Chen. "Online Social Media Fatigue and Psychological Wellbeing: A Study of Compulsive Use, Fear of Missing Out, Fatigue, Anxiety and Depression." *International Journal of Information Management* 40 (2018): 141–152.

15. 会让20多岁的年轻人变得更不开心　J. M. Twenge, "The Sad State of Happiness in the United States and the Role of Digital Media." *World Happiness Report*, 2019. https://worldhappiness.report/ed/2019/.

16. 十年之后，这一点得到了研究人员的验证　J. Fardouly, P. C. Diedrichs, L. R. Vartanian, and E. Halliwell, "Social Comparisons on Social Media: The Impact of Facebook on Young Women's Body Image Concerns and Mood." *Body Image* 13 (2015): 38–45; E. A. Vogel, J. P. Rose, L. R. Roberts, and K. Eckles, "Social Comparison, Social Media, and Self-esteem." *Psychology of Popular Media Culture* 3(4) (2014): 206; E. A. Vogel, J. P. Rose, B. M. Okdie, K. Eckles, and B. Franz, "Who Compares

and Despairs? The Effect of Social Comparison Orientation on Social Media Use and Its Outcomes." *Personality and Individual Differences* 86 (2015): 249–256.

追求荣耀

1. **学生贷款的中位数……也将近 45 000 美元**　参见皮尤研究中心统计数据：https://www.pewresearch.org/fact-tank/2019/08/13/facts-about-student-loans/.

2. **大约一半毕业生找到的工作**　"Many with New College Degree Find the Job Market Humbling"by Catherine Rampell for the *New York Times*, May 18, 2011.

3. **追求荣耀和"应该"的暴政**　这两个术语由卡伦·霍妮所创。在她的著作《神经症与人的成长》中，她针对这两种异常状态进行了更多的阐释和说明。《神经症与人的成长》40 周年纪念版于 1991 年由诺顿出版公司出版。

定制化的人生

1. **定制化的人生**　我在本章使用这个表述，一方面是受到我的来访者伊恩的启发——标准化的人生已不复存在，每个 20 多岁的年轻人需自己一点一滴组建属于自己的人生；另一方面则感谢其他理论家的贡献，包括精神分析学家爱利克·埃里克森、社会学家詹姆斯·科特和社会学家理查德·桑内特。

2. **不想走别人的老路**　引自伊迪丝·华顿。

3. **独特性，是构成我们自我身份的基本要素**　V. L. Vignoles, X. Chryssochoou, and G. M. Breakwell's article "The Distinctiveness Principle: Identity, Meaning, and the Bounds of Cultural Relativity" in *Personality and Social Psychology Review* 4 (2000): 337 – 354.

4. **大 规 模 定 制**　该术语由斯坦·戴维斯所创，参见：*Future Perfect* (New York: Basic Books, 1987).

5. **正如一则广告所言**　https://www.cafepress.com/make/design-your-own.

6. **许多公司及营销人员已经进入"创新生活"这一领域**　若想深入了解产品定制如何让消费者表达个性、追求独特，请参见：N. Franke and M. Schreier's article "Why Customers Value Self-Defined Products: The Importance of Process Effort and Enjoyment" in *Journal of Product Innovation Management* 27 (2010): 1020–1031；N. Franke and M. Schreier's article "Product Uniqueness as a Driver of Customer Utility in Mass Customization" in *Marketing Letters* 19 (2007): 93 – 107.

7. **"做自己！"**　Thomas Frank's Conglomerates and the Media (New York: The New Press,1997); http://www.utne.com/1997-11-01/let-them-eat-lifestyle.aspx; Frank's *The Conquest of Cool: Business Culture, Counterculture, and the Rise of Hip Consumerism* (Chicago: University of Chicago Press, 1998).

爱情
台面上的话题

1. 2009 年，《纽约时报》专栏作家大卫·布鲁克斯在一篇文章里写道　"Advice for High School Graduates" by David Brooks for the *New York Times*, June 10, 2009.

2. 美国的结婚率跌至新低　U.S. Marriage Rate Plunges to Lowest Level on Record by Janet Adamy for the *Wall Street Journal*, April 29, 2020.

3. 平均结婚年龄是 28 岁　参见 2018 年美国人口普查数据：https://www.census.gov/newsroom/press-releases/2018/families.html.

4. 只有大约 20% 的年轻人处于已婚状态　参见皮尤研究中心统计数据：https://www.pewsocialtrends.org/2011/12/14/barely-half-of-u-s-adults-are-married-a-record-low/#share-married.

5. 随意性关系则成了新的常态　"The Demise of Dating" by Charles M. Blow for the *New York Times*, December 13, 2008.

6. 社会对于不同伴侣关系的包容　参见皮尤研究中心统计数据：https://www.pewresearch.org/fact-tank/2020/04/10/as-family-structures-change-in-u-s-a-growing-share-of-americans-say-it-makes-no-difference/.

7. 人们在结婚前选择同居　参见皮尤研究中心统计数据：https://

www.pewresearch.org/fact-tank/2019/11/06/key-findings-on-marriage-and-cohabitation-in-the-u-s/.

8. **婚姻……现在却更像是终点站** "Marriage in the West"in The *Economist*, November 23, 2017；https:// www.economist.com/special-report/2017/11/23 /marriage-in-the-west.

9. **上过大学并有稳定工作的一群人** 参见皮尤研究中心统计数据：https://www.pewresearch.org/fact-tank/2017/09/14/as-u-s-marriage-rate-hovers-at-50-education-gap-in-marital-status-widens/.

10. **婚姻是否成了一种奢侈品** "Affluent Americans still say ' I Do.' More in the Middle Class Don't"by Janet Adamy and Paul Overberg for the *Wall Street Journal*, March 8, 2020; https://www.wsj.com/articles/affluent-americans-still-say-i-do-its-the-middle-class-that-does-not-11583691336?mod=article_inline.

11. **西方世界里结婚率最高的国家** https://www.healthymarriageinfo.org/wp-content/uploads/2017/12/Marriage-Trends-in-Western.pdf.

12. **"痴迷于逃避承诺"** Kay Hymowitz's 2008 articles for *City Journal* " ChildMan in the Promised Land: Today's Single Young Men Hang Out in a Hormonal Libido Between Adolescence and Adulthood "and "Love in the Time of Darwinism: A Report from the Chaotic Postfeminist Dating Scene, Where Only the

Strong Survive"; www.city-journal.org.

13. **2018 年，一项针对 5000 多名美国单身人士的调查报告**
https://www.singlesinamerica.com.

14. **财务状况或职业生涯走上正轨** https://www.singlesinamerica.
com.

15. **工作至少和爱情一样重要** 参见皮尤研究中心统计数据：
https://www.pewresearch.org/fact-tank/2020/02/14/more-
than-half-of-americans-say-marriage-is-important-but-not-
essential-to-leading-a-fulfilling-life/.

16. **"再婚是希望战胜了绝望"** 引自塞缪尔·约翰逊；另参见：J.
J. Arnett's *Emerging Adulthood: The Winding Road from the Late
Teens Through the Twenties* (New York: Oxford University Press,
2004)。这句话在第 114 页。

17. **离婚率依然保持在 45% 左右** 参见 2018 年美国人口普查数
据：https://www.census.gov/library/visualizations/interactive/
marriage-divorce-rates-by-state.html ；美国疾病控制与预防
中心于 2002 年 7 月发布的卫生统计数据报告："Cohabitation,
Marriage, Divorce, and Remarriage in the United States",
http://www.cdc.gov/nchs/data/series/sr_23/sr23_022.pdf.

18. **大型研究是追踪 100 名女性从 20 多岁到 70 多岁的人生历
程** 密尔斯纵向研究（Mills Longitudinal Study）以成人发展为
主题，于 20 世纪 60 年代早期开始追踪 100 名密尔斯女子学
院的毕业生，为期 50 年。作为耗时最长的女性研究之一，它

已产出上百篇学术文章。如今与之相关的研究材料正封存于加利福尼亚大学伯克利分校，主要研究者为拉文纳·赫尔森（Ravenna Helson）和奥利弗·P. 约翰（Oliver P. John）。

19. **越晚越好**　更多有关结婚年龄与婚姻幸福度的研究论文，参见：N. D. Glenn, J. E. Uecker, and R. W. B. Love Jr.'s article "Later First Marriage and Marital Success" in *Social Science Research* 39 (2010): 787 - 800. 数据初步显示，越晚结婚，或许越不幸福。

20. **"30 岁大关"**　J. J. Arnett's book *Emerging Adulthood: The Winding Road from the Late Teens Through the Twenties* (New York: Oxford University Press, 2004).

21. **依然想让男性在一段关系中占据主动**　https://www .singlesin-america.com.

选择你的家庭

1. **雅斐士**　William Schofield's 1964 book *Psychotherapy: The Purchase of Friendship* (Englewood Cliffs, N.J.: Prentice-Hall).

2. **《我们都曾受过伤，却有了更好的人生》**　更多有关童年挫折及其后续影响的研究数据，请参见梅格·杰伊 2017 年所出版的作品：*Supernormal: The Secret World of the Family Hero* (New York: Twelve).

3. **《和男友父母一起过周末，足以说明很多问题》**　我后来找到了埃玛提到的这篇文章，它的确很有趣。"Weekend with

Boyfriend's Parents Explains a Lot " in *The Onion*, Issue 38−02, dated January 23, 2002.

为爱失去自尊

1. **听一听海伦·费希尔博士的想法**　参见费希尔博士 2016 年 TED 演讲《科技没有改变爱，让我告诉你原因》（Technology Hasn't Changed Love. Here's Why）的逐字稿：https://www.ted. com/talks/helen_fisher_technology_hasn_t_changed_love_here_s_ why/transcript? language=en.

2. **2020 年，新闻博客 Mashable 上的一篇文章**　"The Best Dating Sites to Find a Connection by This Weekend," posted on January 28, 2020; https://mashable.com/roundup/best−dating− sites/.

3. **来访者的自我疗愈**　Masud Khan's paper " Toward an Epistemology of Cure " published in his book *The Privacy of the Self* (New York: International Universities Press, 1974).

4. **2020 年，一项为期近 20 年的成人性生活研究**　P. Ueda, C. H. Mercer, C. Ghaznavi, D. Herbenick. " Trends in Frequency of Sexual Activity and Number of Sexual Partners Among Adults Aged 18 to 44 Years in the US, 2000 - 2018. " JAMA Netw Open.2020;3(6):e203833.doi:10.1001/jamanetworkopen.2020.3833.

5. **调查 20 多岁被试的配偶价值**　Maryanne Fisher, Anthony Cox, Sasha Bennett, and Dubravka Gavric. " Components of Self−

Perceived Mate Value. " *Journal of Social, Evolutionary, and Cultural Psychology* 2, no. 4 (2008): 156.

6. **印象最为深刻** D. C. Rubin, T. A. Rahhal, and L. W. Poon's study "Things Learned in Early Adulthood Are Remembered Best" in *Memory & Cognition* 26 (1998): 3 - 19 ; A. Thorne's article "Personal Memory Telling and Personality Development" in *Personality and Social Psychology* Review 4 (2000): 45 - 56.

7. **我们第一次尝试形成自己的人生故事** T. Habermas and S. Bluck's paper "Getting a Life: The Emergence of the Life Story in Adolescence" in *Psychological Bulletin* 126 (2000): 748 - 769; M. Pasupathi's paper "The Social Construction of the Personal Past and Its Implications for Adult Development" in *Psychological Bulletin* 127 (2001): 651 - 672.

8. **这些故事成了我们自我身份的一部分** 有关自我叙事作为自我身份的一部分，参见：D. P. 麦克亚当斯（D. P. McAdams）和 J. L. 帕尔斯（J. L. Pals）的研究，尤其是他们的论文："A New Big Five: Fundamental Principles for an Integrative Science of Personality" in *American Psychologist* 61 (2006): 204 - 217.

9. **这绝不意味着它们无足轻重** A. Thorne, K. C. McLean, and A. M. Lawrence's paper "When Remembering Is Not Enough: Reflecting on Self-Defining Memories in Late Adolescence" in *Journal of Personality* 72 (2004): 513 - 541.

10. **可以形成或许具有巨大变革潜力的身份资本** D. P. McAdams

and J. L. Pals, "A New Big Five: Fundamental Principles for an Integrative Science of Personality" in *American Psychologist* 61 (2006)：204－217.

11. **"你怎么看我?"** 有关父母反馈及他人评论对于孩子成长的影响，参见：R. Fivush, C. A. Haden, and E. Reese's article "Elaborating on Elaborations: Role of Maternal Reminiscing Style in Cognitive and Socioemotional Development" in *Child Development* 77 (2006): 1568－1588.

同居效应

1. **大约为 1.5%** D. Popenoe's "Cohabitation, Marriage and Child Well-Being"; www.virginia.edu/marriageproject.

2. **2018 年的人口普查数据显示，如今的同居率已高达 15%** https://www.census.gov/library/stories/2018/11/cohabitaiton-is-up-marriage-is-down-for-young-adults.html.

3. **那些曾经同居过的人** 若想了解更全面的数据及趋势总结，请参见 2019 年皮尤研究中心有关同居及婚姻的报告：https://www.pewsocialtrends.org/2019/11/06/marriage-and-cohabitation-in-the-u-s/#fnref-26816-1.

4. **同居可以帮助他们避免糟糕的婚姻** https://www.pewsocialtrends.org/2019/11/06/marriage-and-cohabitation-in-the-u-s/#fnref-26816-1.

5. **将近一半的年轻人同意**　D. Popenoe and B. D. Whitehead's 2001 "State of Our Unions"; http://www.virginia.edu/marriageproject/.

6. **那些同居过的伴侣**　"Cohabitation, Marriage, Divorce, and Remarriage in the United States" from the Centers for Disease Control and Prevention, Vital and Health Statistics, Series 23, Number 22, July 2002; "Marriage and Cohabitation in the United States" from the Centers for Disease Control and Prevention, Vital and Health Statistics, Series 23, Number 28, February 2010.

7. **"同居效应"**　C. C. Cohan and S. Kleinbaum's article "Toward a Greater Understanding of the Cohabitation Effect: Premarital Cohabitation and Marital Communication" in *Journal of Marriage and Family* 64 (2004):180 – 192; S. M. Stanley, G. K. Rhoades, and H. J. Markman's article "Sliding Versus Deciding: Inertia and the Premarital Cohabitation Effect" in *Family Relations* 55 (2006): 499 – 509.

8. **并不能单纯以个人特质来加以解释**　2008 "State of Our Unions"; http://www.virginia.edu/marriageproject/.

9. **"顺其自然地发生了"**　J. M. Lindsay's article "An Ambiguous Commitment: Moving into a Cohabitation Relationship" in *Journal of Family Studies* 6 (2000): 120 – 134; S. M. Stanley, G. K. Rhoades, and H. J. Markman, "Sliding Versus Deciding"; and W. D. Manning and P. J. Smock's article "Measuring and Modeling

Cohabitation: New Perspectives from Qualitative Data"in *Journal of Marriage and Family* 67 (2005): 989 – 1002.

10. "任其发展，而非共同决定" S. M. Stanley, G. K. Rhoades, and H. J. Markman's article "Sliding Versus Deciding"；参见斯科特·斯坦利的其他论文，或他在 Blog 上推荐的其他研究：http://slidingvsdeciding.blogspot. com/2018/03/citations-for-tests-of-inertia_26.html.

11. 有三分之二的情侣 S. M. Stanley, G. K. Rhoades, and S. W. Whitton, "Commitment: Functions, Formation, and the Securing of Romantic Attachment." *Journal of Family Theory and Review* 2(4) (2010): 243 – 257. https://doi.org/10.1111/j.1756-2589.2010.00060.x.

12. 很少有情侣可以说出 W. D. Manning and P. J. Smock, "Measuring and Modeling Cohabitation: New Perspectives from Qualitative Data." *Journal of Marriage and Family* 67(4) (2005): 989 – 1002.

13. 早在 1972 年 E. Macklin's 1972 paper, "Heterosexual Cohabitation among Unmarried College Students," *Family Coordinator* 21, 463 – 472 (quote on p. 466).

14. 订婚之后 G. K. Rhoades, S. M. Scott, and H. J. Markman's article "The Pre-Engagement Cohabitation Effect: A Replication and Extension of Previous Findings" in *Journal of Family Psychology* 23 (2009): 107 – 111; G. H. Kline, S. M. Scott, H. J.

Markman, P. A. Olmos-Gallo, M. St. Peters, S. W. Whitton, and L. M. Prado's article "Timing Is Everything: Pre-Engagement Cohabitation and Increased Risk for Poor Marital Outcomes" in *Journal of Family Psychology* 18 (2004): 311–318; and G. K. Rhoades, S. M. Scott, and H. J. Markman's article "Pre-Engagement Cohabitation and Gender Asymmetry in Marital Commitment" in *Journal of Family Psychology* 20 (2006): 553–560.

15. **无论关系进展如何** J. Owen, G. K. Rhoades, and S. M. Stanley, "Sliding versus Deciding in Relationships: Associations with Relationship Quality, Commitment, and Infidelity." *Journal of Couple and Relationship Therapy* 12(2) (2013): 135–149.

16. **沟通想法** C. E. Clifford, A. Vennum, M. Busk, and F. D. Fincham, "Testing the Impact of Sliding Versus Deciding in Cyclical and Noncyclical Relationships." *Personal Relationships* 24(1) (2017): 223–238.

17. **爱情中的沟通必不可少** Jennifer S. Priem, Loren C. Bailey and Keli Steuber Fazio, "Sliding Versus Deciding: A Theme Analysis of Deciding Conversations of Non-Engaged Cohabiting Couples," *Communication Quarterly* 63 (2015):5, 533–549, DOI: 10.1080 /01463373.2015.1078388.

18. **"锁定效应"** G. Zauberman's paper "The Intertemporal Dynamics of Consumer Lock-in" in *Journal of Consumer Research* 30

(2003): 405 - 419.

19. **看看他或她对于你们关系的承诺度有多高**　S. M. Stanley, G. K. Rhoades, and H. J. Markman, "Sliding Versus Deciding."

彼此合拍

1. **相似的人更容易相互吸引**　C. Anderson, D. Keltner, and O. P. John's article "Emotional Convergence Between People over Time" in *Journal of Personality and Social Psychology* 84 (2003): 1054 - 1068; G. Gonzaga, B. Campos, and T. Bradbury's article "Similarity, Convergence, and Relationship Satisfaction in Dating and Married Couples" in *Journal of Personality and Social Psychology* 93 (2007): 34 - 48; S. Luo and E. C. Klohnen's paper "Assortative Mating and Marital Quality in Newlyweds: A Couple-Centered Approach" in *Journal of Personality and Social Psychology* 88 (2005): 304 - 326; and D. Watson, E. C. Klohnen, A. Casillas, E. Nus Simms, J. Haig, and D. S. Berry's article "Match Makers and Deal Breakers: Analyses of Assortative Mating in Newlywed Couples" in *Journal of Personality* 72 (2004): 1029 - 1068.

2. **更低的离婚率**　有关伴侣相似性的更多方面，参见：E. Berscheid, K. Dion, E. Hatfield, and G. W. Walster's paper "Physical Attractiveness and Dating Choice: A Test of the Matching Hypothesis" in *Journal of Experimental Social Psychology* 7

(1971): 173‒189; T. Bouchard Jr. and M. McGue's paper "Familial Studies of Intelligence: A Review" in *Science* 212 (1981): 1055‒1059; D. M. Buss's paper "Human Mate Selection" in *American Scientist* 73 (1985): 47‒51; A. Feingold's paper "Matching for Attractiveness in Romantic Partners and Same‒Sex Friends: A Meta‒Analysis and Theoretical Critique" in *Psychological Bulletin* 104 (1988): 226‒235; D. T. Y. Tan and R. Singh's paper "Attitudes and Attraction: A Developmental Study of the Similarity‒Attraction and Dissimilarity‒Repulsion Hypotheses" in *Personality and Social Psychology Bulletin* 21 (1995): 975‒986; S. G. Vandenberg's paper "Assortative Mating, or Who Marries Whom?" in *Behavior Genetics* 11 (1972): 1‒21; and G. L. White's paper "Physical Attractiveness and Courtship Process" in *Journal of Personality and Social Psychology* 39 (1980): 660‒668.

3. **研究人员所说的"关系终结者"** 有关关系终结者的研究，参见：David Watson, Eva C. Klohnen, Alex Casillas, Ericka Nus Simms, Jeffrey Haig, and Diane S. Berry. "Match Makers and Deal Breakers: Analyses of Assortative Mating in Newlywed Couples." *Journal of Personality* 72, no. 5 (2004): 1029‒1068.

4. **在一项针对大学生（大部分为白人且为异性恋）的研究中** 关于这项研究的描述参见：Peter K. Jonason, Justin R. Garcia, Gregory D. Webster, Norman P. Li, and Helen E. Fisher.

"Relationship Dealbreakers: Traits People Avoid in Potential Mates." *Personality and Social Psychology Bulletin* 41, no. 12 (2015): 1697–1711.

5. **研究对象为全国 5000 多名单身人士**　关于这项研究的描述参见：Peter K. Jonason, Justin R. Garcia, Gregory D. Webster, Norman P. Li, and Helen E. Fisher. "Relationship Dealbreakers: Traits People Avoid in Potential Mates." *Personality and Social Psychology Bulletin* 41, no. 12 (2015): 1697–1711.

6. **"抛开罗曼蒂克的爱情幻想……"**　M. D. Botwin, D. M. Buss, and T. K. Shackelford, "Personality and Mate Preferences: Five Factors in Mate Selection and Marital Satisfaction." *Journal of Personality* 65 (1997): 107–136.

7. **常识性的结论**　其相关描述参见：D. J. Ozer and V. Benet-Martinez, "Personality and the Prediction of Consequential Outcomes." *Annual Review of Psychology* 57 (2006): 401–421; P. S. Dyrenforth, D. A. Kashy, M. B. Donnellan, and R. E. Lucas, "Predicting Relationship and Life Satisfaction from Personality in Nationally Representative Samples from Three Countries: The Relative Importance of Actor, Partner, and Similarity Effects." *Journal of Personality and Social Psychology* 99(4) (2010): 690; M. D. Botwin, D. M. Buss, and T. K. Shackelford, "Personality and Mate Preferences: Five Factors in Mate Selection and Marital Satisfaction." *Journal of Personality* 65(1) (1997): 107–136.

8. **2015年，波士顿的一项研究指出** 该研究由波士顿学院工作与家庭中心开展。你可以在其官网（http://www.bc.edu/cwf）上了解更多信息或点击访问研究报告（https://www.bc.edu/content/dam/files/centers/cwf/research/publications/researchreports/BCCWF%20The%20New%20Dad%202017.pdf）。

9. **被视为家里的主要经济来源** 参见皮尤研究中心统计数据：https://www.pewsocialtrends.org/2010/11/18/the-decline-of-marriage-and-rise-of-new-families/2/#ii-overview.

10. **同性恋伴侣会彼此沟通谁在什么时候做什么** Maura Kelly and Elizabeth Hauck. "Doing Housework, Redoing Gender: Queer Couples Negotiate the Household Division of Labor." *Journal of GLBT Family Studies* 11, no. 5 (2015): 438 - 464.

11. **异性恋伴侣则往往会落入……未加审视的性别规范里** Meg Jay's 2020 article "Fathers Also Do Their Share of Invisible Labor" for the *Wall Street Journal*, https://www.wsj.com/articles/fathers-also-do-their-share-of-invisible-labor-11592575059; Lucia Ciciolla and Suniya S. Luthar. "Invisible household labor and ramifications for adjustment: mothers as captains of households." *Sex Roles* (2019): 1 - 20; R. M. Horne, M. D. Johnson, N. L. Galambos, and H. J. Krahn. "Time, Money, or Gender? Predictors of the Division of Household Labour across Life Stages." *Sex Roles* 78(11 - 12) (2018): 731 - 743; Jill E. Yavorsky, Claire M. Kamp Dush, and

Sarah J. Schoppe Sullivan. "The Production of Inequality: The Gender Division of Labor Across the Transition to Parenthood." *Journal of Marriage and Family* 77, no. 3 (2015): 662 - 679.

二十九问

1. 人们对于婚姻的满意度会迎来最大的一次下降　Thomas N. Bradbury, Frank D. Fincham, and Steven R. H. Beach. "Research on the Nature and Determinants of Marital Satisfaction: A Decade in Review." *Journal of Marriage and Family* 62, no. 4 (2000): 964 - 980; Dew, Jeffrey, and W. Bradford Wilcox. "If Momma Ain't Happy: Explaining Declines in Marital Satisfaction among New Mothers." *Journal of Marriage and Family* 73, no. 1 (2011): 1 - 12; Dwenda K. Gjerdingen and Bruce A. Center. "First-Time Parents' Post partum Changes in Employment, Childcare, and Housework Responsibilities." *Social Science Research* 34, no. 1 (2005): 103 - 116; Dwenda K. Gjerdingen and Bruce A. Center. "The Relationship of Postpartum Partner Satisfaction to Parents' Work, Health, and Social Characteristics." *Women and Health* 40, no. 4 (2005): 25 - 39; E. S. Kluwer, "Marital quality." In Families as Relationships, pp. 59 - 78. Wiley, 2000; Robert L. Weiss, "A Critical View of Marital Satisfaction." *Family Psychology: The Art of the Science* (2005): 23 - 41.

2. 快乐和意义的源泉　"Parents' Time with Kids More Rewarding

than Paid Work—and More Exhausting" for Pew Research Center, https://www.pewsocialtrends.org/2013/10/08/parents-time-with-kids-more-rewarding-than-paid-work-and-more-exhausting/.

3. **伴侣之间如何处理这些争吵和不和**　示例参见：Jill E. Yavorsky, Claire M. Kamp Dush, and Sarah J. Schoppe Sullivan. "The Production of Inequality: The Gender Division of Labor Across the Transition to Parenthood." *Journal of Marriage and Family* 77, no. 3 (2015): 662 - 679.

大脑与身体
为未来着想

1. **25 岁的铁路工人菲尼亚斯·盖奇**　有关菲尼亚斯·盖奇的故事完整版，参见：Malcolm Macmillan's *An Odd Kind of Fame: Stories of Phineas Gage* (Cambridge, MA: MIT Press, 2000). 有关菲尼亚斯·盖奇的最新研究，参见：Macmillan's article "Phineas Gage—Unravelling the Myth" in the British journal *The Psychologist* 21 (2008): 828 - 831.

2. **盖奇并非完全无碍**　这一点来自约翰·马丁·哈洛（John Martyn Harlow）医生的记录。哈洛医生在盖奇遭遇意外后，第一时间对盖奇进行了治疗，并在那之后对盖奇的病情进行了一段时间的跟踪。他分别于 1848 年、1849 年和 1868 年发表了三篇关于盖奇的论文。他对盖奇病情的记录可参见马克科姆·麦克米伦的著作《一种奇怪的传说》(*An Odd Kind of Fame*)。

3. **额叶受损的患者**　更多信息，请参见安东尼奥·达马西奥的研究工作以及躯体标记假说，尤其是下面这篇论文：A. Bechara and A. R. Damasio "The Somatic Marker Hypothesis: A Neural Theory of Economic Decision" in *Games and Economic Behavior* 52 (2004): 336 – 372.

4. **额叶的成熟期会一直持续到 20 岁至 30 岁之间的某个年龄**　E. R. Sowell, P. M. Thompson, C. J. Holmes, T. L. Jernigan, and A. W. Toga's article " *In Vivo* Evidence for Post–Adolescent Brain Maturation in Frontal and Striatal Regions " in *Nature Neuroscience* 2 (1999): 859 – 861.

5. **20 多岁的年轻人或许应该得到某种特殊的待遇**　"What Is It About 20–Somethings? " by Robin Marantz Henig for the *New York Times*, August 18, 2010.

6. **菲尼亚斯·盖奇作为车夫的经历类似于某种"社交放松"**　Malcolm Macmillan, "Phineas Gage—Unravelling the Myth."

7. **美国国家心理健康研究所发现**　有关青少年及 20 多岁年轻人的大脑发育概况，参见：D. R. Weinberger, B. Elvevåg, and J. N. Giedd's summary "The Adolescent Brain: A Work in Progress" for the National Campaign to Prevent Teen Pregnancy (June 2005); https://mdcune.psych.ucla.edu/ncamp/files–fmri/NCamp _fMRI_ AdolescentBrain.pdf.

8. **新产生的神经连接都发生在额叶**　有关生长高峰期的大脑

变化概况，参见：S.-J. Blakemore and S. Choudhury's article "Development of the Adolescent Brain: Implications for Executive Function and Social Cognition" in *Journal of Child Psychology and Psychiatry* 47 (2006): 296–312.

9. **更大的社交网络，将有助于我们大脑的发育和成熟** J. Sallet, R. Mars, M. Noonan, J. Andersson, J. O'Reilly, S. Jbabdi, P. Croxson, M. Jenkinson, K. Miller, and M. Rushworth, "Social Network Size Affects Neural Circuits in Macaques," *Science* 334 (2011): 697–700, and R. Kanai, B. Bahrami, R. Roylance, and G. Rees, "Online Social Network Size is Reflected in Human Brain Structure," *Proceedings of the Royal Society B: Biological Sciences*; https://royalsocietypublishing.org/doi/10.1098/rspb.2011.1959.

10. **"一起放电的神经元会串联在一起"** 来自赫布律的基本假设，由唐纳德·赫布所创。赫布律展现了学习可塑性及关联性背后的机制。

11. **"蕴含着巨大的机会，以及巨大的风险"** 参见J. 吉德（J. Giedd）关于青少年大脑的研究论文，比如："The Teen Brain—Insights from Neuroimaging" in Journal of Adolescent Health 42 (2008): 335–343. 这句话在第 341 页。

12. **新的额叶连接将被保留和强化** 通过髓鞘化。这个过程中，神经元轴突逐渐被脂质鞘所包裹，神经元之间信息传递速度加快。髓鞘化能保证修剪后的神经连接运作更快、更有效率。另外，可能因为额叶是大脑最后发育成熟的区域，所以额叶也会最后进行髓鞘化。

一项社会实验

1. **焦虑是当下年轻人群体里最突出的心理健康问题**　参见美国大学生心理健康中心（Center for Collegiate Mental Health）2019 年报告：https://ccmh.psu.edu/files/2020/03/2019-CCMH-Annual-Report_3.17.20.pdf.

2. **10 个年轻人当中，有 9 个拥有智能手机**　参见皮尤研究中心统计数据：https://www.pewresearch.org/global/2019/02/05/smartphone-ownership-is-growing-rapidly-around-the-world-but-not-always-equally/.

冷静下来

1. **它甚至还有一个内置的检测器**　"Learning by Surprise" by Daniela Finker and Harmut Schotze in *Scientific American*, December 17, 2008: http://www.scientificamerican.com/article.cfm?id=learning-by-surprise.

2. **更容易记住怪诞的物体**　P. Michelon, A. Z. Snyder, R. L. Buckner, M. McAvoy, and J. M. Zacks's article "Neural Correlates of Incongruous Visual Information: An Event-Related fMRI Study" in *NeuroImage* 19 (2003): 1612–1626; J. M. Talarico and D.

C. Rubin's chapter "Flashbulb Memories Result from Ordinary Memory Processes and Extraordinary Event Characteristics" in *Flashbulb Memories: New Issues and New Perspectives*, edited by O. Luminet and A. Curci (New York: Psychology Press, 2009).

3. **对于紧接着蛇后面的幻灯片会有更深的印象** N. Kock, R. Chatelain-Jardon, and Jesus Carmona's article "Surprise and Human Evolution: How a Snake Screen Enhanced Knowledge Transfer Through a Web Interface" in *Evolutionary Psychology and Information Systems Research* 24 (2010): 103－118.

4. **人们都更容易记住带有情绪或不寻常的事件** R. Fivush, J. G. Bohanek, K. Martin, and J. M. Sales's chapter "Emotional Memory and Memory for Emotions" in *Flashbulb Memories: New Issues and New Perspectives*, edited by O. Luminet and A. Curci (New York: Psychology Press, 2009).

5. **对于早期成人生活的记忆尤为深刻** Ali I. Tekcan, Burcu Kaya-Kızılöz, and Handan Odaman. "Life Scripts Across Age Groups: A Comparison of Adolescents, Young Adults, and Older Adults." *Memory* 20, no. 8 (2012): 836－847; Jeffrey Dean Webster and Odette Gould. "Reminiscence and Vivid Personal Memories Across Adulthood." *The International Journal of Aging and Human Development* 64, no. 2 (2007): 149－170.

6. **20多岁的年轻人会把这些看得尤为严重** S. T. Charles and L. L. Carstensen's article "Unpleasant Situations Elicit Different

Emotional Responses in Younger and Older Adults" in *Psychology and Aging* 23 (2008): 495－504; F. Blanchard－Fields's "Everyday Problem Solving and Emotion: An Adult Developmental Perspective" in *Current Directions in Psychological Science* 16 (2007): 26－31.

7. **"积极效应"** M. Mather and L. L. Carstensen's article "Aging and Motivated Cognition: The Positivity Effect in Attention and Memory" in *Trends in Cognitive Science* 9 (2005): 496－502; Simone Schlagman, Joerg Schulz, and Lia Kvavilashvili. "A Content Analysis of Involuntary Autobiographical Memories: Examining the Positivity Effect in Old Age." *Memory* 14, no. 2 (2006): 161－175.

8. **20多岁年轻人的大脑对于负面信息的反应程度** M. Mather, T. Canli, T. English, S. Whitfield, P. Wais, K. Ochsner, J.D.E. Gabrieli, and L. L. Carstensen's article "Amygdala Responses to Emotionally Valenced Stimuli in Older and Younger Adults" in *Psychological Science* 15 (2004): 259－263.

9. **丹妮尔的担心虽然可以让她感觉不那么意外** S. J. Llera and M. G. Newman's paper "Effects of Worry on Physiological and Subjective Reactivity to Emotional Stimuli in Generalized Anxiety Disorder and Nonanxious Control Participants" in *Emotion* 10 (2010): 640－650.

10. **纳粹集中营的生还者、精神病学家维克多・弗兰克尔** 参见

维克多·弗兰克尔的《活出生命的意义》，该作品首次出版于
1946 年。

11. **改变自己面临困难时的思维模式**　有关情绪管理的思维认知
方式，参见：K. N. Ochsner and J. J. Gross's article " Thinking
Makes It So: A Social Cognitive Neuroscience Approach to
Emotion Regulation " in R. F. Baumeister and K. D. Vohs
(eds.), *Handbook of Self-Regulation: Research, Theory, and
Applications* (New York: Guilford Press, 2004), 229－255. 有关
"抑制情绪" 和 "重新认知" 这两种情绪管理方式的对比，请
参见：J. J. Gross and O. P. John's paper " Individual Differences
in Two Emotion Regulation Processes: Implications for Affect,
Relationships, and Well-Being " in *Journal of Personality and
Social Psychology* 85 (2003): 348－362; O. P. John and J. J.
Gross's chapter " Individual Differences in Emotion Regulation "
in J. J. Gross (Ed.), *Handbook of Emotion Regulation* (New York:
Guilford Press, 2007), 351－372.

12. **被心理学家称为灾难性思维**　R. Gellatly and A. T. Beck,
" Catastrophic Thinking: A Transdiagnostic Process Across
Psychiatric Disorders. " *Cognitive Therapy and Research* 40(4)
(2016): 441－452.

由外而内

1. **固定型思维**　更多有关固定型思维和成长型思维以及本章有关

思维模式的研究，参见卡罗尔·德韦克的工作成果，尤其是她的作品：*Mindset: The New Psychology of Success* (New York: Random House, 2006).

2. **人们要么有很强的固定型思维，要么有很强的成长型思维**　R. W. Robins and J. L. Pals's paper "Implicit Self-Theories in the Academic Domain: Implications for Goal Orientation, Attributions, Affect, and Self-Esteem Change" in *Self & Identity* 1 (2002): 313-336.

3. **真正的自信来源于过往真实的成功经验**　有关自我效能感的概况，参见阿尔伯特·班杜拉的权威著作：Self-Efficacy: The Exercise of Control (New York: Worth Publishers, 1997).

4. **K. 安德斯·艾利克森的研究成果**　K. 安德斯·艾利克森的研究成果在许多地方均被提及和引用。相关论文参见：K. A. Ericsson, R. T. Krampe, and C. Tesch-Romer's article "The Role of Deliberate Practice in the Acquisition of Expert Performance" in *Psychological Review* 100 (1993): 363-406. 更为大众的读物，请参见：Malcolm Gladwell's *Outliers* (New York: Little, Brown, 2008), titled "The 10,000 Hour Rule.";"A Star Is Made" by Stephen J. Dubner and Steven D. Levitt in the *New York Times*, May 7, 2006.

5. **正面反馈可以让她感觉更好**　S. Chowdhury, M. Endres, and T. W. Lanis's paper "Preparing Students for Success in Team Work Environments: The Importance of Building Confidence" in

Journal of Managerial Issues XIV (2002): 346–359.

融入社会

1. **人格领域的研究者……一直争论不休** 若想深入了解30岁之后性格是否改变，参见：B. W. Roberts, K. E. Walton, and W. Viechtbauer, "Patterns of Mean-Level Change in Personality Traits Across the Life Course: A Meta-Analysis of Longitudinal Studies" in *Psychological Bulletin* 132 (2006): 1–25, the comment by P. T. Costa and R. R. McCrae in the same journal on pages 26–28, as well as the reply to the comment by the authors on pages 29–32.

2. **一个人的性格在30岁之后基本上就固定下来了** P. T. Costa, R. R. McCrae, and I. C. Siegler's paper "Continuity and Change Over the Adult Life Cycle: Personality and Personality Disorders" in C. R. Cloninger (ed.), *Personality and Psychopathology* (Arlington, VA: American Psychiatric Press, 1999), page 130.

3. **但有人抱着更为乐观的态度** B. W. Roberts, K. E. Walton, and W. Viechtbauer, "Patterns of Mean-Level Change in Personality Traits across the Life Course: A Meta-Analysis of Longitudinal Studies" in *Psychological Bulletin* 132 (2006), page 14.

4. **我们是谁将影响我们做什么事** Christian Kandler, Wiebke Bleidorn, Rainer Riemann, Alois Angleitner, and Frank M. Spinath. "Life Events as Environmental States and Genetic Traits

and the Role of Personality: A Longitudinal Twin Study. " *Behavior Genetics* 42, no. 1 (2012): 57 - 72.

5. **有工作的年轻人更快乐** "How Young People View Their Lives, Futures, and Politics: A Portrait of ' Generation Next' by Pew Research Center," released on January 9, 2007, at http://people-press.org/report/300/a-portrait-of -generation-next.

6. **来自不同国家的大量研究表明** 比如这项有关人格发展的跨文化研究：Wiebke Bleidorn, Theo A. Klimstra, Jaap JA Denissen, Peter J. Rentfrow, Jeff Potter, and Samuel D. Gosling. "Personality Maturation Around the World: A Cross-Cultural Examination of Social-Investment Theory. " *Psychological Science* 24, no. 12 (2013): 2530 - 2540; Wiebke Bleidorn. " What Accounts for Personality Maturation in Early Adulthood?" *Current Directions in Psychological Science* 24, no. 3 (2015): 245 - 252.

7. **20多岁时，随着年龄渐长，人们会感觉越来越好** B. W. Roberts and D. Mroczek's paper " Personality Trait Change in Adulthood " in *Current Directions in Psychological Science* 17 (2008): 31 - 35.

8. **我们的情绪会变得更稳定** Jule Specht, Boris Egloff, and Stefan C. Schmukle. " Stability and Change of Personality Across the Life Course: The Impact of Age and Major Life Events on Mean-Level and Rank-Order Stability of the Big Five." *Journal of Personality and Social Psychology* 101, no. 4 (2011): 862.

9. **"融入社会"** 有关社会投资理论，或在 20 多岁时，做出成年人的承诺如何让我们的人生变得更好，参见：B. W. Roberts, D. Wood, and J. L. Smith's paper "Evaluating Five Factor Theory and Social Investment Perspectives on Personality Trait Development" in *Journal of Personality* 39 (2008): 166‑184; J. Lodi‑Smith and B. W. Roberts's paper "Social Investment and Personality: A Meta‑Analysis of the Relationship of Personality Traits to Investment in Work, Family, Religion, and Volunteerism" in *Personality and Social Psychology Review* 11 (2007): 68‑86; and R. Hogan and B. W. Roberts's article "A Socioanalytic Model of Maturity" in *Journal of Career Assessment* 12 (2004): 207‑217.

10. **不只是在工作或人生中"朝九晚五"** J. Lodi‑Smith and B. W. Roberts's 2007 paper "Social Investment and Personality: A Meta‑Analysis of the Relationship of Personality Traits to Investment in Work, Family, Religion, and Volunteerism."

11. **感觉"焦虑而愤怒"而与社会脱节** B. W. Roberts, A. Caspi, and T. E. Moffitt's article "Work Experiences and Personality Development in Young Adulthood" in *Journal of Personality and Social Psychology* 84 (2003): 582‑593.

12. **那些甚至能在工作中取得一些成功⋯⋯的年轻人** B. W. Roberts, A. Caspi, and T. E. Moffitt's article "Work Experiences and Personality Development in Young Adulthood" in *Journal of Personality and Social Psychology* 84 (2003): 582‑593.

13. **工作是我们年轻时性格改变的最大驱动因素**　Nathan W. Hudson and Brent W. Roberts. "Social Investment in Work Reliably Predicts Change in Conscientiousness and Agreeableness: A Direct Replication and Extension of Hudson, Roberts, and Lodi−Smith (2012)." *Journal of Research in Personality* 60 (2016): 12−23.

14. **我们的责任感将会迎来最大的一次提升**　Jule Specht, Boris Egloff, and Stefan C. Schmukle. "Stability and Change of Personality Across the Life Course: The Impact of Age and Major Life Events on Mean−Level and Rank−Order Stability of the Big Five." *Journal of Personality and Social Psychology* 101, no. 4 (2011): 862.

15. **仅仅是拥有目标都会让我们更开心**　B. W. Roberts, M. O'Donnell, and R. W. Robins's paper "Goal and Personality Trait Development in Emerging Adulthood" in *Journal of Personality and Social Psychology* 87 (2004): 541−550.

16. **20多岁时，不断设定更高的目标**　P. L. Hill, J. J. Jackson, B. W. Roberts, D. K. Lapsley, and J. W. Brandenberger's paper "Change You Can Believe In: Changes in Goal Setting During Emerging and Young Adulthood Predict Later Adult Well−Being" in *Social Psychology and Personality Science* 2 (2011): 123−131.

17. **目标一直被称为成人性格发展的基石**　A. M. Freund and M. Riediger's article "Goals as Building Blocks of Personality in

Adulthood" in D. K. Mroczek and T. D. Little (eds.), *Handbook of Personality Development* (Mahwah, N.J.: Erlbaum, 2006), 353–372.

18. **进入一段稳定的关系将有助于 20 多岁的年轻人** J. Lehnart, F. J. Neyer, and J. Eccles's article " Long-Term Effects of Social Investment: The Case of Partnering in Young Adulthood " in *Journal of Personality* 78 (2010): 639–670; F. J. Neyer and J. Lehnart's article "Relationships Matter in Personality Development: Evidence From an 8-Year Longitudinal Study Across Young Adulthood" in *Journal of Personality* 75 (2007): 535–568; B. W. Roberts, K. E. Walton, and W. Viechtbauer, " Patterns of Mean-Level Change in Personality Traits Across the Life Course " ; and F. J. Neyer and J. B. Asendorpf's paper " Personality-Relationship Transaction in Young Adulthood, *Journal of Personality and Social Psychology* 81 (2001): 1190–1204.

19. **20 多岁时一直保持单身通常并不会让我们感觉良好** J. Lehnart, F. J. Neyer, and J. Eccles, " Long-Term Effects of Social Investment, " as well as F. J. Neyer and J. Lehnart, " Relationships Matter in Personality Development. "

20. **长期单身** J. Lehn art, F. J. Neyer, and J. Eccles, " Long-Term Effects of Social Investment. "

你的身体

1. **会在他们30多岁甚至40多岁时选择生第一胎**　这里提及的数据，参见："The Age That Women Have Babies: How a Gap Divides America"in the *New York Times* on August 4, 2018; https://www.nytimes. com/interactive/2018/08/04/upshot/up-birth-age-gap.html. "Fatherhood After 40? It's Becoming a Lot More Common"for NPR on August 31, 2017; https://www.npr.org/sections/health-shots/2017/08/31/547320586/fatherhood-after-forty-its-now-a-lot-more-common-study-finds.

2. **20岁之前生孩子的比例整体呈下降趋势，而34岁之后生孩子的比例整体呈上升趋势**　这里提及的数据，参见："The New Demography of American Motherhood,"published online on May 6, 2010: https://www.pewsocialtrends.org/2010/05/06/the-new-demography-of-american-motherhood/.

3. **美国人口调查局2018年的报告数据显示**　参见皮尤研究中心报告"They're Waiting Longer, but U.S. Wonen Today More Likely to Have Children Than a decade Ago", https://www.pewsocialtrends.org/2018/01/18/theyre-waiting-longer-but-u-s-women-today-more-likely-to-have-children-than-a-decade-ago/#fn-24248-2.

4. **职场上的女性数量已经超过男性数量**　"Women Now Outnumber Men on U.S. Payrolls"for NPR on January 10, 2020;

https://www.npr.org/2020/01/10/795293539/women-now-outnumber-men-on-u-s-payrolls.

5. 成年的"最重要的事情之一" 参见皮尤研究中心 2010 年报告："Millennials: Confident. Connected. Open to Change"；或访问：https://www.pewsocialtrends.org/2010/02/24/millennials-confident-connected-open-to-change/.

6. "不确定性的科学与可能性的艺术" 引自威廉·奥斯勒爵士。

7. "即使到了 38 岁或 40 岁" "For Prospective Moms, Biology and Culture Clash" by Brenda Wilson for NPR, May 8, 2008;http://www.npr.org/templates/story/story.php?storyId=90227229.

8. 女性的生育能力或顺利怀孕及生产的能力 更多有关女性生育能力的信息，请访问美国妇产科医师学会官网（https://www.acog.org/patient-resources/faqs /pregnancy/having-a-baby-after-age-35-how-aging-affects-fertility-and-pregnancy）。就这个话题，我还咨询了弗吉尼亚大学医学中心内分泌科的生殖医学专家威廉·S.埃文。埃文斯医生很热心地和我分享了他丰富的临床经验以及相关的统计数据，让我有了更深入的理解。另外，为了保证内容准确性，他还审读过本章的原稿。

9. 男性的生育能力同样受年龄影响 相关数据参见：J. R. Kovac, J. Addai, R. P. Smith, R. M. Coward, D. J. Lamb, and L. I. Lipshultz, "The Effects of Advanced Paternal Age on Fertility." *Asian Journal of Andrology* 15(6) (2013): 723 - 728; https://doi.org/10.1038/aja.2013.92; S. Saha, A. G. Barnett, C. Foldi,

T. H. Burne, D. W. Eyles, S. L. Buka, and J. J. McGrath's article "Advanced Paternal Age Is Associated with Impaired Neurocognitive Outcomes During Infancy and Childhood" in *PLoS Medicine* 6 (2009): e1000040.

10. **宫腔内人工授精（IUI）** P. Merviel, M. H. Heraud, N. Grenier, E. Lourdel, P. Sanguinet, and H. Copin. "Predictive Factors for Pregnancy after Intrauterine Insemination (IUI): An Analysis of 1038 Cycles and a review of the Literature." *Fertility and Sterility* 93(1) (2010): 79 – 88.

11. **体外受精（IVF）** 若想了解更多有关辅助生育技术的数据，参见美国疾病控制与预防中心 2015 年报告：https://www.cdc.gov/art/pdf/2015-report/ART-2015-National-Summary-Report.pdf.

12. **平均每次体外受精的价格** P. Katz, J. Showstack, J. F. Smith, R. D. Nachtigall, S. G. Millstein, H. Wing, M. L. Eisenberg, L. A. Pasch, M. S. Croughan, and N. Adler, "Costs of Infertility Treatment: Results from an 18-Month Prospective Cohort Study." *Fertility and Sterility,* 95(3) (2011): 915 – 921. https://doi.org/10.1016/j.fertnstert.2010.11.026.

13. **大约10% 的成年人没有孩子** T. Frejka "Childlessness in the United States." In: M. Kreyenfeld and D. Konietzka (eds.) *Childlessness in Europe: Contexts, Causes, and Consequences.* Demographic Research Monographs (A series of the Max Planck Institute for Demographic Research). Springer, Cham,

doi https://doi.org/10.1007/978-3-319-44667-7_8; J. C. Abma and G. M. Martinez's article "Childlessness Among Older Women in the United States: Trends and Profiles" in *Journal of Marriage and Family* 68 (2006): 1045‑1056; Pew Research Center report titled "Childlessness Up Among All Women; Down Among Women with Advanced Degrees," released on June 25, 2010.

14. **不必将生孩子这件事想得过于理想化** 现代父母的困境和辛苦在这篇文章中描绘得十分生动："All Joy and No Fun: Why Parents Hate Parenting," by Jennifer Senior for *New York* magazine, July 4, 2010. 又可见皮尤研究中心报告："Parents' Time with Kids More Rewarding than Paid Work—and More Exhausting"; https://www.pewsocialtrends.org/2013/10/08/parents-time-with-kids-more-rewarding-than-paid-work-and-more-exhausting/.

15. **2017年的一项报告显示** T. Frejka (2017) "Childlessness in the United States." In: M. Kreyenfeld and D. Konietzka (eds.) *Childlessness in Europe: Contexts, Causes, and Consequences.* Demographic Research Monographs (A series of the Max Planck Institute for Demographic Research). Springer, Cham, doi https://doi.org/10.1007/978-3-319-44667-7_8.

16. **会给家庭带来更多的压力** "Delayed Child Rearing, More Stressful Lives" by Steven Greenhouse for the *New York Times*,

December 1, 2010.

17. **现代家庭的父母们**　Suzanne M. Bianchi, " Family Change and Time Allocation in American Families. " *Annals of the American Academy of Political and Social Science* 638, no. 1 (2011): 21‒44.

18. **有一篇文章针对这些发现进行了评论**　" Delayed Child Rearing, More Stressful Lives " by Steven Greenhouse for the *New York Times*, December 1, 2010.

以终为始

1. **23 岁的法国洞穴学家**　米歇尔·西弗尔的洞穴实验以及后来研究生物钟的故事，在许多地方均被提及和引用。下面这篇相关的采访很有意思，不妨一读：" Caveman: An Interview with Michel Siffre, " published in *Cabinet* magazine, Issue 30 (2008); http://www.cabinetmagazine.org/issues/30/foer.php.

2. **在最新的研究项目中，卡斯滕森以 20 多岁的年轻人为研究对象**　该研究项目的更多信息，参见：Laura Carstensen and Jeremy Bailenson titled " Connecting to the Future Self: Using Web-Based Virtual Reality to Increase Retirement Saving ";http://healthpolicy.stanford.edu/research/connecting_to_the_future_self_using_webbased_virtual_reality_to_increase_retirement_saving.

3. **现时偏见**　有关现时偏见，参见：D. Soman, G. Ainslie, S. Frederick, X. Li, J. Lynch, P. Moreau, A. Mitchell, D. Read, A.

Sawyer, Y. Trope, K. Wertenbroch, and G. Zauberman, "The Psychology of Intertemporal Discounting: Why Are Distant Events Valued Differently from Proximal Ones?" in *Marketing Letters* 16 (2005): 347－360.

4. "活在当下的行为" R. D. Ravert's paper "You're Only Young Once: Things College Students Report Doing Before It's Too Late" in *Journal of Adolescent Research* 24 (2009): 376－396.

5. 在他们心里，未来和现在之间的距离 Y. Trope, N. Liberman, and C. Wakslak's article "Construal Levels and Psychological Distance: Effects on Representation, Prediction, Evaluation, and Behavior" in *Journal of Consumer Psychology* 17 (2007): 83－95.

6. "我总会从最后一句话开始写起" 引自约翰·艾文的官网：www.john-irving.com.

后记　我的未来会好吗

1. 山野无情　这块标志见于 www.rockymountainrescue.org.